T0210928

Der Realismus – in der theoretischen Physik

Norbert Hermann Hinterberger

Der Realismus – in der theoretischen Physik

Zusammenhänge und Hintergründe zu aktueller Forschung

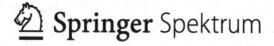

Norbert Hermann Hinterberger
Hamburg, Deutschland

ISBN 978-3-662-67694-3   ISBN 978-3-662-67695-0   (eBook)
https://doi.org/10.1007/978-3-662-67695-0

Die Deutsche Nationalbibliothek verzeichnet diese Publikation in der Deutschen Nationalbibliografie; detaillierte bibliografische Daten sind im Internet über http://dnb.d-nb.de abrufbar.

© Der/die Herausgeber bzw. der/die Autor(en), exklusiv lizenziert an Springer-Verlag GmbH, DE, ein Teil von Springer Nature 2023, korrigierte Publikation 2024

Planung/Lektorat: Andreas Rüdinger
Springer Spektrum ist ein Imprint der eingetragenen Gesellschaft Springer-Verlag GmbH, DE und ist ein Teil von Springer Nature.
Die Anschrift der Gesellschaft ist: Heidelberger Platz 3, 14197 Berlin, Germany

Das Papier dieses Produkts ist recyclebar.

Inhaltsverzeichnis

1

Einleitung

Es soll von Anfang an kein Geheimnis daraus gemacht werden, dass in diesem Buch ein moderner, *materialistischer
Realismus* verteidigt wird. Der Versuch, diesen Realismus
unzweideutig monistisch – also ohne Verfälschungen durch
dualistische oder idealistische Residuen – zu formulieren,
liegt sozusagen primär im Ehrgeiz der vorliegenden Arbeit.

Über weite Strecken werden wir hier in Ausführlichkeit
auf eine sehr inspirierte und übersichtlich gestaltete *interdis-
ziplinäre* Arbeit von Lee Smolin eingehen.

Er verwendet in seinem jüngsten Buch *Quantenwelt*[1] gar
keine Formalisierungen, um auch Leser aus Philosophie und
anderen Wissenschaften mitnehmen zu können. Smolin beschreibt hier also *informell, heuristisch* – aber nichtsdestoweniger systematisch – die unterschiedlichen Positionen des
Realismus und des *Antirealismus*.

---

[1] Lee Smolin, *Quantenwelt – Wie wir zu Ende denken, was mit Einstein begonnen
hat,* Deutsche Verlags-Anstalt, München 2019 (Übersetzung, Jürgen Schröder):
Original: *Einstein's Unfinished Revolution – The Search for what lies beyond the
Quantum, Penguin Press*, New York 2019.

© Der/die Autor(en), exklusiv lizenziert an Springer-Verlag GmbH, DE,
ein Teil von Springer Nature 2023
N. H. Hinterberger, *Der Realismus - in der theoretischen Physik,*
https://doi.org/10.1007/978-3-662-67695-0_1

Auf neuere, stärker mathematisierte Papiere im arXiv-Format (hervorgegangen aus einer Zusammenarbeit von Lee Smolin mit Marina Cortês et al. – die eher an Kolleg:innen aus der Physik adressiert sind) werden wir aber (ab Kap. 6) ebenfalls ausführlich genug eingehen, denn es handelt sich um brandneue Physik, in der sich schon die Art der mathematischen Formalisierung (gegenüber anderen, eher schwer bis nicht interpretierbaren bzw. instrumentalistisch neutralisierten Gleichungssystemen) durch unmissverständlichen Realitätsbezug auszeichnet.

Smolin richtet in seiner *Quantenwelt* gleich zu Beginn zwei charakteristische Fragen aus, zu denen sich letztlich alle Realist:innen und alle Antirealist:innen irgendwie positionieren müssen. Es sind im wahrsten Sinne existentielle Fragen.

Frage 1:

„(...) existiert die natürliche Welt unabhängig von unserem Geist? Genauer, hat die Materie eine stabile Gesamtheit von Eigenschaften an sich, unabhängig von unseren Wahrnehmungen und unserem Wissen?"

Frage 2:

„(...) können diese Eigenschaften von uns verstanden und beschrieben werden? Können wir genug in Bezug auf die Naturgesetze verstehen, um die Geschichte des Universums zu erklären und seine Zukunft vorherzusagen?"[2]

Physiker wie Albert Einstein, Erwin Schrödinger, Louis de Broglie, David Bohm, John Stewart Bell, Detlef Dürr, Roger Penrose sowie das gesamte Personal der *Schleifenquanten-Gravitation* bzw. der *Loop Quantum Gravity* (und verwandte Ansätze), die beide Fragen mit „ja" beantworten, betrachten wir als Realist:innen.

Wer auf die Frage 1 mit „nein" antwortet, ist Antirealist:in. Ein besonders prominentes Beispiel dafür dürfte der

---

[2]Lee Smolin, *Quantenwelt*, DVA, 2019:18.

frisch gebackene Nobelpreisträger für Physik Anton Zeilinger sein, denn er ordnet die *Eigenschaften der Materie* ganz dem Subjektivismus unserer Operationen mit den Messgeräten zu – bis hin zu deren Herstellung. Damit vertritt Zeilinger einen hartnäckigen Antirealismus, wie wir ihn schon von Niels Bohr kennen.

Die Ablehnung des Realismus durch diesen antirealistischen Ansatz behauptet, dass atomare und Quantensysteme ihre Eigenschaften erst durch unsere Art der Messung *erhalten* – also durch unsere Art der *Operationen,* die wir mit ihnen durchführen. Eigenschaften der Objekte unabhängig von der Messung gibt es folglich nicht. Es gibt sie nur *operational* – wie man sagt. Und damit ist häufig lediglich die informationale Ebene von Zeigerstellungen an Messgeräten gemeint.

Zeilinger drückt das aber auch gerne so aus: „Die Trennung von Wirklichkeit und Information ist nicht haltbar."[3]

Interessant ist sicherlich (für die gesamte Diskussion – Antirealismus versus Realismus), dass bei der Verleihung des Nobelpreises für Physik (2022) nicht nur Anton Zeilinger und John Clauser berücksichtigt wurden, sondern auch *Alain Aspect,* der (genau wie John Stewart Bell, um dessen Beweis es in den nachfolgenden Experimenten ging) ein expliziter Realist ist.

John Clauser hatte mit Stuart Freedman schon 1972 ein Experiment zur Überprüfung der berühmten Bell'schen Ungleichungen von 1964 durchgeführt – die bekanntlich eine quantitativ-experimentell falsifizierbare Formulierung des Einstein-Podolski-Rosen-Paradoxons (EPR) darstellen. Dieser Beweis hat nun in der Tat den *lokalen* Realismus widerlegt, wurde von den beiden allerdings auch als Falsifikation *aller möglichen Versionen* von „Hidden Variables" im

---

[3] Diese Bemerkung hatte er übrigens schon 2006 (in einem YouTube-Video) gemacht und seither nicht verändert. Siehe YouTube-Video: https://www.youtube.com/watch?v=Ba7bALHHN8Q&t=293s.

Allgemeinen verstanden. Das hat der Beweis aber mitnichten impliziert, wie wir gleich sehen werden.

Alain Aspect hatte dann 1982 verbesserte experimentelle Überprüfungen der Bell'schen Ungleichungen durchgeführt – mit einer ganz anderen Interpretation: nämlich (korrekt) als Bestätigung der nonlokalen Korrelationen *zusätzlich* zu den lokalen Wechselwirkungen. Nonlokale Korrelationen wurden dabei von Bell und Aspect von Anfang an *nicht* als Wechselwirkungen im üblichen Sinn eingeschätzt. Und obwohl Clauser tatsächlich die ersten Verschränkungsexperimente in Interferometern auf den Weg gebracht hatte, wurden selbige von ihm – genau wie später bei Zeilinger – als eine Widerlegung von Hidden Variables im Allgemeinen und als eine Abweisung der Kritik des Realismus an der orthodoxen Quantenmechanik (kurz *QM*) betrachtet.

John Stewart Bell hatte schon 1964 argumentiert, dass unsere Welt entgegen der Annahme Einsteins, bestimmte nonlokale Korrelationen aufweisen müsste (wie sie aus der *QM* folgen), womit Einsteins Lokalitätsannahme *für alle denkbaren Korrelationen* falsifiziert sein musste. Denn Einstein hatte gedacht, dass *alle* Korrelationen echte Wechselwirkungen sein müssten. Damit waren sie für ihn natürlich nur noch als unzulässige „spukhafte Fernwirkungen" zu verstehen.

Nun hatte sich spätestens mit den Resultaten der Experimente zwar herausgestellt, dass Einstein unrecht damit hatte, nonlokale *Korrelationen* (aller Art) zu bezweifeln, aber natürlich nicht, dass er im Unrecht damit war, an der Möglichkeit von Hidden Variables fest zu halten. *Diesen* Realismus Einsteins haben nämlich beide, Bell und Aspect, von Anfang an zu *stärken* gesucht. Denn ihre Arbeiten haben *nicht* ergeben, dass Hidden Variables in der Wirklichkeit nicht existieren können, sondern ganz im Gegenteil, dass sie sehr wohl in einem nonlokalen Realismus in Form der *Verschränkungen selbst* existieren können. Das ist möglich, wenn man sie *nicht* wie die orthodoxe QM als fundamental, sondern wie Smolin als *emergent* begreift – und Lokalität übrigens ebenso, nämlich im Zusammenhang eines *nicht*fundamentalen Raums (unten). In diesem Bild sind sie dann auch gar nicht mehr so „versteckt". Fundamental kausal sind bei Smolin am Ende nur noch Energie-Impuls-Ereignisse (allerdings anders als bei Einstein sind sie in einen *irreversiblen* Zeitpfeil eingebunden, der keinerlei Raumzeit-Relativismus toleriert).

Der Realismus konnte also *nicht* erfolgreich von Bohrs Subjektivismus bzw. Operationalismus angegriffen werden – wie eine Mehrheit der Physiker seinerzeit dachte. Diese beiden Punkte werden häufig überhaupt nicht als *zwei* verschiedene Probleme gesehen.

Bell und Aspect haben gezeigt, wie wichtig es ist, diese beiden Punkte zu separieren, denn sie waren eben beide Realisten, die Einsteins Realismus *verteidigt* und (entsprechend korrigierend) um die Nonlokalität *erweitert* haben. Die ersten Bemühungen um eine solche *halbklassische* Beschreibungsweise in der Physik verdanken wir im Übrigen schon David Bohm.[4] Diese erste Form einer *halbklassischen* Beschreibung, die sowohl klassische als auch Quantensysteme (separiert) auf ihren jeweiligen Skalen beschreibt, wurde in jüngster Zeit von den Physiker:innen aus dem Umfeld der Loop Quantum Gravity übernommen und konsequent weiterentwickelt.

Wir sehen in diesem Zusammenhang, dass *echte* Wechselwirkung (also *physikalischer* Informationsaustausch, der immer mit der einen oder anderen Form von Energie-Impuls-Übertragung zusammenhängt) tatsächlich höchstens mit c stattfinden kann (*das* nennt man lokal).

Bell wollte zum Thema separater (eigener) Eigenschaften zeigen, dass die Verletzung seiner Ungleichung (durch

---

[4]David Bohm, Quantum Theory, (1951), 1979, Prentice-Hall, Inc; Dover Publications, New York.

verschränkte Paare) gilt, was in allen folgenden Experimenten bestätigt wurde. Nur die Verschränkung zweier oder mehrerer Teilchen sorgt ja dafür, dass man den beteiligten Teilchen (in diesem neuen Zustand eben) keine separaten Eigenschaften mehr zusprechen kann, sondern nur noch der Verschränkung als ganzer (und die ist eben nonlokal in dem Sinne, dass sie *instantan* modelliert wird, also gar nichts mit Wechselwirkung bzw. Informationsübertragung im üblichen Sinne zu tun haben kann). Für *nicht*verschränkte freie Quantenteilchen gilt das aber eben nicht.

Das war eine Differenz, die vom Operationalismus entweder überhaupt nicht verstanden wurde oder aber nicht verstanden werden sollte. Denn die Vertreter dieser Position wollten mit ihrer Messtheorie ja gerade zeigen, dass man von hier aus doch auch den einzeln auftretenden Teilchen bzw. Quantensystemen die Realität eigener Eigenschaften absprechen könne.

Genau das versucht tatsächlich der *gesamte* Operationalismus, indem er behauptet, dass diese subjektivistisch herphantasierte individuelle Eigenschaftslosigkeit auch für nichtverschränkte Teilchen gelten müsse, denn deren Eigenschaften würden ja durch die operationale Beobachtung (= Messung) erst entstehen – gewissermaßen mit dem Bewusstsein des Beobachters „verschränkt". Man könne also gar nicht sinnvoll von messungsunabhängigen Teilcheneigenschaften reden.

Das sind aber natürlich alles unzulässige Ableitungen, die nichts mit der Entdeckung der Nonlokalität verschränkter oder auch superponierter Systeme zu tun haben. Die gibt es nämlich nur *zusätzlich* zum quasiklassischen Verhalten von freien Teilchen mit definiten Eigenschaften.

Zeilinger nahm (in einem neueren Interview) dazu insofern Stellung, als er gar nicht mehr (also auf keiner Größenskala) an Grenzen für Wellenüberlagerungen glauben mochte. Damit verschwinden natürlich die lästigen eigenen bzw. nichtinterferierenden Eigenschaften einzelner freier Teilchen bzw. isolierter Wellen auf triviale Weise. Nun kann man das zwar rein logisch nicht ausschließen, wenn man das Ganze allerdings *idealistisch* aufzäumt, ergeben sich merkwürdige Ableitungen.

Als kleine Anekdote kann man hier vielleicht auch Zeilingers recht eigene Vorstellung eines theologisch inspirierten Determinismus anführen, auf den er in dem erwähnten Interview abhebt.[5] Einstein hing bekanntlich einem Deismus an: Gott hat die Naturgesetze gemacht, greift aber danach nicht mehr ein. Wie metaphorisch Einstein das gemeint hat, lassen wir einmal dahingestellt. Zeilinger denkt dagegen (theistisch) an einen (auch aktual eingreifenden) Gott, der seiner Meinung nach durchaus deterministisch auf den Zufall wirken kann. Gott macht da also anscheinend dasselbe wie die Operationalisten mit ihren Messinstrumenten – beide schaffen (zumindest im Moment der Detektion bzw. des göttlichen Eingriffs) offenbar *wirkmächtig* die unabhängigen Eigenschaften der Dinge ab.

1.1 Halbklassischer und Quantenrealismus

Dieser vom Operationalismus so angefeindete halbklassische Realismus sowie auch der Quantenrealismus wird aber von Smolin verteidigt und im Folgenden von ihm ausführlich analysiert.

Smolin erinnert in seinem Buch nämlich gleich zu Beginn daran, dass die meisten Wissenschaftler:innen – in Bezug auf mesoskopische bzw. makroskopische Dinge – klassisch realistische Positionen vertreten (vom Staubkorn bis zu

---

[5] Referenz: YouTube-Video: https://www.youtube.com/watch?v=Ba7bALHHN8 Q&t=293s.

Galaxien). Denn die und ihre (gewissermaßen makroskopisch „grobkörnigen") Wechselwirkungen beschreiben wir ja immer noch erfolgreich in der klassischen Physik (Galilei, Kepler, Newton, Hamilton). Und als deren krönenden Abschluss betrachten wir wohl zu Recht Einsteins Relativitätstheorien.

Auf der Ebene der Atome und der Elementarteilchen finden sich schon erheblich weniger Realist:innen – was unmittelbar den indeterministischen Postulaten bzw. dem *rein* probabilistischen Ansatz der *orthodoxen* Quantenmechanik zu verdanken sein dürfte. Hier gibt es viele sozusagen vorsätzliche Antirealist:innen, die in der Regel glauben, dass die Quantenmechanik den Realismus (insbesondere in Form der möglichen Beurteilung einzelner Quantensysteme – in einem Aufwasch mit verborgenen Variablen) *ausschließt*.

Einstein war in diesem Zusammenhang bekanntlich der Erste, der den Verdacht äußerte, dass die orthodoxe Quantenmechanik unvollständig sein müsse – vor allem auch, weil Wellenfunktionen hier *nicht* als real gesehen wurden. Denn *das* erschien dem Entdecker des *Welle-Teilchen-Dualismus* bei Photonen[6] wohl in der Tat einigermaßen *unvollständig*. Auch als de Broglie diesen Dualismus (ebenso stark experimentgestützt wie Einsteins Bosonen-Dualismus) auf das Elektron (und allgemein auf alle Fermionen) ausdehnen konnte, waren die Antirealisten nicht überzeugt.

Das ist natürlich nicht wirklich überraschend, denn die Kopenhagener und Göttinger Physiker hatten sich ja schon geweigert, *wenigstens das Teilchen* nicht operationalistisch zu behandeln. Das gab es bei ihnen ja auch nur während einer Messung, eben im Moment der Messung in seiner ganz eigensinnigen Existenz als „Messteilchen", gewissermaßen ohne eigene Vergangenheit und Zukunft. Und so halten die Antirealist:innen das bis heute vor.

---

[6]Entdeckt bekanntermaßen unisono mitsamt dem photoelektrischen Effekt, der Teilcheneigenschaft.

An die Unvollständigkeit der orthodoxen Quantenmechanik glauben dagegen alle Nachfolger:innen Einsteins im
Realismus ebenfalls bis heute. Und das tun sie, weil in der
Quantenmechanik (eben aufgrund der rein operationalistischen Philosophie) genau genommen *die gesamte Ontologie*
fehlt. Anders gesagt, unvollständiger geht es eigentlich gar
nicht.

Die Antirealist:innen werden von Smolin in drei Gruppen
eingeteilt:

In der ersten Gruppe werden jene genannt, die die Eigenschaften der Elementarteilchen *nicht* für intrinsisch halten.
Die Eigenschaften sollen, wie erwähnt, ausschließlich existieren zu dem Zeitpunkt, an dem wir sie messen – sie werden also gewissermaßen jeweils erst so recht „erzeugt" durch
unsere Interaktionen mit den Teilchen. Diese Gruppe kann
man wohl zu Recht als „radikale Antirealisten" bezeichnen.
Und der radikalste Vertreter dieser Position war Niels Bohr.

In der *zweiten Gruppe* findet sich die Auffassung, dass
theoretische Physiker (und Philosophen allgemein) sich nicht
mit den materiellen Dingen an sich bzw. deren physikalischen Eigenschaften beschäftigen sollten, sondern nur mit
unserem Wissen darüber, sofern das mathematikintern widerspruchsfrei zu formulieren wäre.

Es war zwar schon immer (logisch) einigermaßen unklar,
wie man ohne Voraussetzung von materiellen Dingen zu ir-
gendwelchem Wissen – auch nur über das eigene Wissen –
gelangen sollte, denn schließlich sind wir auch materielle
Körper. Das heißt, unser Wissen wird in diesen Körpern
geboren und verarbeitet. Nichtsdestoweniger werden diese
idealistischen Positionen – insbesondere in der Quantendis-
kussion – immer noch irritationslos angeboten.

Smolin nennt die Vertreter dieser Position *Quanten-
epistemologen,* weil sich dieser Personenkreis bevorzugt
auf rein erkenntnistheoretische bzw. methodologische
Fragestellungen nach dem „Wie" des Erkenntnisgewinns

zurückzieht – also nicht mehr ontologisch nach dem „Was"
fragt.

Der Bayesianismus, der sich auf rein subjektive Grade eines „Fürwahrhaltens" (durch „Fachleute", die nicht näher
definiert werden) beschränkt, gehört hier neuerdings zu den
auffälligsten Vertretern. Karl Popper, der ja im Zusammenhang von *Propensitäten* (= objektiven Verwirklichungsten-
denzen) eine objektive Wahrscheinlichkeitsinterpretation in
seiner *Logik der Forschung* vorgelegt hatte, hat den Bayesianismus übrigens schon sehr früh als eine weitere Spielart des
Subjektivismus der sogenannten „induktivistischen" Wahrscheinlichkeit des logischen Empirismus identifiziert. Denn
die Interpretation der Wahrscheinlichkeit durch die Bayesianer und ihre Nachfolger hatte in der Tat nie irgendetwas
mit objektiver Wahrscheinlichkeit zu tun.

Formal bzw. ableitungstechnisch ist die Wahrscheinlich-
keit bei Thomas Bayes mit $P(A|B)$ natürlich völlig korrekt
dargestellt.[7] Sie besagt, dass die *bedingte* Wahrscheinlichkeit
des Ereignisses A unter der Bedingung, *dass B eingetreten
ist,* gültig ist. Formal ist diese Formel also völlig unschuldig, weil zwangsläufig tautologisch (als Wenn-dann-Satz).
Das *Erkennen* der Wahrheit von B wird nun allerdings im
Zusammenhang eines subjektiven „Für-wahr-haltens" als
hinreichend vorhanden betrachtet. Letzteres wiederum wird
über Grade der angeblichen „Bewahrheitung" der jeweiligen Behauptung angeboten. Gemeint sind damit bestimmte
„bestätigende" Instanzen induktivistisch aufgezählter Beob-
achtungsbeispiele.

Häufig wird dieser Subjektivismus aber sogar rein
a priori angeboten. Das heißt, *Überprüfungen* dieser
„Fachurteile" sind gar nicht vorgesehen. Im Zusammenhang
des sogenannten Quanten-Bayesianismus (kurz: QBismus)
ist man dann auch gern mal davon überzeugt, die

---

[7]Vollständig: $P(A|B) = \frac{P(B|A) \cdot B(A)}{P(B)}$.

„Quantenparadoxien" der Superpositionen schon a priori „entschärft" zu haben. „Eine neue Deutung namens QBismus geht davon aus, dass die Wellenfunktion nur die subjektive Erwartungshaltung des quantenmechanischen Beobachters wiedergibt."[8] Das kann dann offenbar übergangslos zum Wahrheitskriterium promoviert werden.

Da die Wellenfunktion ja für den gesamten Antirealismus nicht als real gilt, sondern lediglich als mathematisches Werkzeug verstanden wird, kann man den QBismus als radikal-subjektivistische Spielart der allgemeinen antirealistischen Position betrachten.

Die *dritte* von Smolin genannte Gruppe ist der Operationalismus. Weil diese Position bei ihm besonders treffend beschrieben ist, möchte ich ein Originalzitat verwenden. Wir haben schon gehört, dass die Quantenmechanik sich nicht auf unabhängige Wirklichkeit (über Messungsergebnisse hinaus) beziehen soll:

„(...) vielmehr ist sie eine Menge von Verfahrensweisen zur Befragung von Atomen. Sie bezieht sich nicht auf die Atome selbst, sondern darauf, was geschieht, wenn Atome in Kontakt mit großen Vorrichtungen treten, die wir zu ihrer Messung benutzen."[9] Werner Heisenberg wird hier als bekanntester Vertreter genannt.

Um nun die unterschiedlichen *realistischen* Ansätze weiter darzustellen, stellt Smolin eine *dritte* Frage:

„Besteht die natürliche Welt hauptsächlich aus der Art von Gegenständen, die wir sehen, wenn wir uns umblicken, und aus den Dingen, aus denen sie zusammengesetzt sind?"[10]

Und weiter gefragt, wäre das Ganze typisch für das gesamte Universum? Ein naiver Realist würde hier wohl mit *ja* antworten. *Naiv* ist bei Smolin aber in keiner Weise abwertend gemeint, sondern sollte im Sinne von „stark,

---

[8] Hans Christian von Baeyer, „Spektrum der Wissenschaft", 11/2013.
[9] Lee Smolin, *Quantenwelt*:21–22.
[10] *Quantenwelt*:22.

unverbraucht, unkompliziert" aufgefasst werden. Dieser Titel ist also genau besehen eine Lanze für einen *mutigen* Realismus, der sich nicht vor seinem eigenen Schatten fürchtet, als wäre *er* eine seltsame Weltsicht. Denn wir sehen die wirklich wunderlichen Positionen doch eher in den verschiedenen Erscheinungsformen des Antirealismus und sogar noch bei den Ideen eines hilflos verkomplizierten mystischen oder „magischen Realismus", wie Smolin das später explizit nennt.

Die letztgenannten Vertreter des Realismus glauben etwa, dass die Welt, wie wir sie wahrnehmen, nicht typisch für unser gesamtes Universum ist. Sie bezeichnen unsere Wahrnehmungsinterpretationen als „subjektiv", weil wir gewissermaßen nur jeweils aus *einer* von vielen *verwirklichten* Möglichkeitswelten auf diesen angeblich subjektiven Ausschnitt blicken, den wir gewöhnlich als das komplette (sichtbare) Universum betrachten, dabei aber in den anderen Welten ebenfalls (in einer alternativen Existenz) leben würden (davon aber nichts wüssten). Sie postulieren in diesem Zusammenhang „Viele Welten" in Form von *Wellenverzweigungen,* die untereinander *keine* kausalen Verbindungen besäßen und von denen wir deshalb auch keine Wirkungen spüren könnten.[11]

Ich sollte vielleicht zugeben, dass ich selbst anfangs nicht ganz ungerührt über dieses „Wunschwelten-Setting" nachgedacht habe. Im Bild dieser vielen Welten wird aber (bei genauerem Hinsehen) jede quantenmechanische Superposition als Möglichkeitsüberlagerung – in einem Meer von universell kausal unverbundenen Wellenverzweigungen – zu

---

[11] Speziell von Heinz Dieter Zeh wird diese kausale Abgeschlossenheit der einzelnen Wellenverzweigungen übrigens als eine *Folge* der Dekohärenz dargestellt, die letztlich zu den vielen Welten von Everett III führen müsse. Nun werden durch Dekohärenz zwar Superpositionen gestört oder auch völlig zerstört (das wird eingeräumt), aber laut Zeh unmittelbar auch wieder in anderen, neuen Überlagerungen aufgelegt, die kausal nichts mehr mit den alten zu tun haben sollen. Letzteres ist eine unüberprüfbare Hypothese. Wir werden weiter unten eine weniger barocke Definition von Dekohärenz kennenlernen.

einer jeweils *eigenen Welt.* Und die wird dann folgerichtig als jeweils nur *subjektiv* erfahrbar betrachtet, weil man von hier aus die jeweils anderen kausal abgeschlossenen Welten nicht sehen kann.

Dieser Vorstellung wird man allerdings nur beipflichten wollen, solange man die Prämisse ernst nimmt, dass sich buchstäblich bei jeder Wechselwirkung im Universum, durch dekohärierende Zerstörung der alten, nun verschwundenen Superposition, zwei oder noch mehr neue Wellenverzweigungen inkludiert in *neuen* Superpositionen bilden. Und das hat man sich in einer geradezu *titanischen* Superpositionsproliferation vorzustellen – wenn man sich überlegt, wie viele derartige Wechselwirkungen es wohl pro Sekunde in unserem Universum geben mag.

Und insbesondere fragt man sich wohl, warum die dann kausal unabhängig sein sollten und wie das physikalisch überhaupt gehen soll in (per definitionem) *ein und demselben Universum,* denn sie müssten ja im Dekohärenzgeschehen jeweils *lokal entstehen* (also als Anfangsbedingung kausalen lichtartigen Abstand besitzen, nicht etwa raumartigen).

Als Ableitung aus diesen Überlegungen betrachte ich die Vorstellung der vielen Welten deshalb inzwischen eher als eine Art frommes Wunschwelten-Programm im Realismus – oder mit Smolin als „magischen Realismus". Denn man muss sich klarmachen, mit dieser Theorie gibt es kein wirkliches Sterben. Das könnte einem magischen Realisten sicherlich als quasireligiöse Trostvorstellung dienen. Wenn man in der einen Wellenverzweigung stirbt, lebt man mit der Wahrscheinlichkeit, $P = 1$, also notwendig, in einer anderen weiter – weil ja immer *alle* Möglichkeiten *verwirklicht* sind in jeweils eigenen Welten. Die einzelne Welt, in der man sich jeweils partiell *erlebt,* wird folglich als *subjektiv* (klassisch) betrachtet.

2

Teilchen und ihre Wellen

2.1 Superpositionen der Quanten

In der Viele-Welten-Theorie (wie im Übrigen auch in vielen anderen Ansätzen realistischer Provenienz) besteht die Schwierigkeit zu bestimmen, wo die Grenzen der quantenmechanischen Superposition (bezogen auf *alle* Größenskalen) liegen müssten. Ein *nicht* magischer Realist würde wohl sagen: im Auftreten von *echten Dekohärenzen,* die eben *nicht* zu jeweils neuen Wellenverzweigungen führen.

Stattdessen entstehen daraus letztlich – durch die Zerstörung der Superpositionen – sowohl quantenmechanische Individualitäten einzelner, eben nicht interferierender Quantensysteme und emergent letztlich auch quasiklassische Realisierungen der jeweiligen *Entitäten* in Größenordnungen, in welchen die Gesamtwellenlängen der beteiligten Atome unterhalb des Durchmessers der jeweiligen makroskopischen Entitäten liegen. Und mit einer solchen (demystifizierten) Dekohärenz wird auch das Problem mit Schrödingers Katze im halb klassischen Realismus gelöst. Die Katze steht,

© Der/die Autor(en), exklusiv lizenziert an Springer-Verlag GmbH, DE, ein Teil von Springer Nature 2023
N. H. Hinterberger, *Der Realismus - in der theoretischen Physik,*
https://doi.org/10.1007/978-3-662-67695-0_2

aufgrund ihres Durchmessers, der (wegen ihrer großen Masse) immer sehr viel größer ist als ihre Gesamtwellenlänge, einfach nicht mehr für Überlagerungen aus der umgebenden Quantenwelt zur Verfügung. Das heißt, nicht nur während der Öffnung, sondern auch vor der Öffnung (und auch wieder nach der Schließung) des Kastens ist die Katze immer *entweder* tot *oder* lebendig – nie beides zugleich. An Letzteres (also gewissermaßen an die Mystizismus-Version des Antirealismus) mochte die Mehrzahl der Kommentator:innen ja vielleicht auch schon rein logisch nie im Ernst glauben.

In einem (im wahrsten Sinne) *angemessenen* realistischen Gesamtbild unserer Welt scheint es opportun, klassische Größenordnungen *in ihrem Verhalten* bzw. in ihren Eigenschaften vom Verhalten der Quantensysteme zu unterscheiden, denn ihr Verhalten unterscheidet sich ja tatsächlich.

Quantensysteme und bestimmte atomare Entitäten bis hin zu durchaus erheblichen Molekülgrößen können (insbesondere in geeigneten experimentellen „Fallen" zu denen trivialerweise auch Quantencomputer gehören) jederzeit superponieren – emergente makroskopische Systeme offenbar nicht. Dieser halb klassische Ansatz, an den Lee Smolin in seiner Trennung von *Fundamentalem* und *Emergentem* anknüpft (unten), stammt in erster Instanz tatsächlich schon von David Bohm.

Superpositionen von Quantenteilchen (bzw. deren Eigenschaften, wie etwa ihren Impuls oder ihren Ort) können wir nichtsdestoweniger in unserem einen und einzigen ungeteilten Universum ansiedeln und zugeben, dass sich Photonen und auch Elektronen (wie wir durch Einstein und de Broglie gelernt haben) je nach dem Modus ihrer Wechselwirkungen in ihrer Welleneigenschaft oder in ihrer Teilcheneigenschaft zeigen können. Denn wir sehen ja beide Verhaltensweisen bzw. die materiellen Auswirkungen ihrer jeweiligen Existenz auf Fotoplatten, Detektionsschirmen und dergleichen. Sie gehören also sogar im engeren Sinne zu unserer einen und einzigen materiellen Welt. Wir brauchen keine weiteren Welten, um dieses Verhalten zielführend zu interpretieren. Wenn wir also hören, dass ein Quantenteilchen an zwei Orten zugleich sein kann, müssen wir einfach nur den Begriff des Teilchens gegen den der Welle eintauschen (denn ein Quantensystem *ist* immer beides) – und schon ist es weniger mysteriös:

„Wenn wir sagen, dass ein Quantenteilchen in einer ‚Superposition von hier und dort‘ ist, bezieht sich das auf die wellenartige Natur der Materie, denn eine Welle ist eine Störung, die ausgebreitet ist, und deshalb kann sie sowohl hier als auch dort sein. Wir sprechen zwar von Elementarteilchen, aber alles Quantenartige, einschließlich der Atome und Moleküle, ist sowohl ein Teilchen als auch eine Welle."[1]

Den Begriff der *Verschränkung* kennen wir (anders als den Superpositions- bzw. Interferenzbegriff) *nur* in Bezug auf Quantensysteme:

„Wenn zwei Teilchen miteinander interagieren und sich dann voneinander wegbewegen, bleiben sie in dem Sinne miteinander verflochten, dass sie Eigenschaften zu teilen scheinen, die sich nicht in Eigenschaften aufschlüsseln lassen, die jedes Teilchen für sich besitzt."

Bei dieser Charakterisierung der Verschränkung denkt man unwillkürlich *auch* wieder an so etwas wie ein Feld (aber eins, bei dem die Raumverhältnisse keine entscheidende Rolle spielen, wie wir bei Smolin lernen werden), denn die Teilchen haben *im Verschränkungszustand* (über große Entfernungen ebenso wie über kleine) keine individuellen Eigenschaften mehr. Ihre vorherigen (möglicherweise unverschränkten) Eigenschaften existieren nicht mehr. Nur der verschränkte Zustand als Ganzer lässt sich noch beschreiben. Das ist übrigens der Punkt, den Bohr, Heisenberg und in der Folge der gesamte Antirealismus in einer

---

[1] Lee Smolin, *Quantenwelt*:35.

unzulässigen Verallgemeinerung zum Anlass genommen haben, die Beschreibung *unabhängig existierender Teilchen* generell für unmöglich zu erklären – weil uns ihre Existenz nur über den Filter einer Messung zugänglich sei.

Die bisherige Diskussion, wie man sich die ontische Definition der Verschränkung (insbesondere über beliebig große Entfernungen) zu denken hat, ist von der Position des Antirealismus her also äußerst unbefriedigend. Aber auch die *realistische* Diskussion zu diesem Thema muss (wie wir eben schon gesehen haben) als unabgeschlossen gelten. Eine echte, also eine *materielle* Informationsübertragung ist nicht ohne Wechselwirkung zu denken – und umgekehrt. Wenn man die Höchstgeschwindigkeit c für Wechselwirkungen bzw. Informationsübertragung nicht verletzen will, kann man sich die Verschränkung (mit ihren instantanen Korrelationen) nur schwer als eine im Wesentlichen raumgebundene Struktur denken.

Wie man den Raum- bzw. Entfernungsbegriff elegant loswerden könnte, zeigen uns Lee Smolin und Fotini Markopoulou mit ihrer Idee eines *emergenten* Raumes bzw. eines nicht fundamentalen Entfernungsbegriffs (weiter unten).

Um Orte von Elektronen oder Photonen oder ihre Impulse (bzw. ihre Geschwindigkeit als Funktion ihrer Impulse) dingfest zu machen, benötigen wir makroskopische Messinstrumente. Die bestehen, wie wir wissen, ebenfalls aus Atomen wie alles andere auch. Und man hat in zahllosen Experimenten feststellen können, dass inzwischen schon *sehr* große Moleküle in Superpositionen gebracht werden können. Warum stellen wir also *makroskopisch* keine „Quantenmerkwürdigkeiten" von Selbstüberlagerungen oder von Überlagerungen aller möglichen verschiedenen Eigenschaften oder gleichzeitig verschiedene Aufenthaltsorte von Atomen in größeren Körpern wie dem unseren – oder auch in Messgeräten – fest? Gibt es eine Größenordnung, eine Skala, für die die Quantenmechanik nicht gilt? Diese Frage ist natürlich nach wie vor zentral in der physikalischen Forschung, denn die Quantenmechanik wird ganz allgemein als Kerntheorie der Natur bzw. als universal betrachtet. Wenn sie für eine Vielzahl von Atomen gilt, scheint es doch schwer einzusehen, warum sie nicht für alle Entitätsgrößen gelten soll:

„Ausgefeilte Experimente, in denen große Moleküle in Zustände der Quantensuperposition gebracht werden, zeigen uns, dass sie genauso quantensonderbar sind wie Elektronen. Um nur eines zu nennen, sie werden als Wellen gebeugt und zeigen auch Interferenzmuster von Wellen."[2]

Dann müssten aber doch eigentlich auch Katzen, Stühle und Messgeräte von der Quantenmechanik regiert werden. Aber das scheint nicht der Fall zu sein: Beim Messen von Eigenschaften eines Quantensystems werden große Vorrichtungen verwendet. Wenn sich die Atome in Superpositionen befinden und sich z. B. an mehreren Orten zugleich aufhalten, gibt aber das Messgerät trotzdem

„(...) immer nur eine der möglichen Antworten auf die Fragen an, die wir stellen."[3]

Das ist das, was man gewöhnlich als *Messproblem* bezeichnet. Lee Smolin betrachtet das Messproblem als einen Hinweis auf eine grundlegende Eigenschaft der Natur, die wir bisher nur unvollständig verstanden haben. Das kann man auch als weiteren Hinweis auf die *Unvollständigkeit der Quantenmechanik* lesen. Smolin ist der Meinung, dass es irgendwo einen Übergang geben muss „zwischen der Quantenwelt, in der ein Atom an mehreren Orten zugleich sein kann, und der gewöhnlichen Welt, in der alles immer an einem bestimmten Ort ist."[4]

---

[2] *Quantenwelt*:36. Gemeint sind – in erster Instanz – die Bose-Einstein-Kondensate, die ja regelrecht *hergestellt* und über Interferometer kontrolliert werden können.

[3] *Quantenwelt*:37.

[4] *Quantenwelt*:37.

Bei David Bohm finden wir (schon sehr früh) eine wirklich inspirierte Formulierung des vertrackten Problems der nicht auffindbaren Grenze zwischen Quanten- und Makrowelt und einen ersten Lösungsvorschlag für eine mögliche *halb klassische* Beschreibung. Bohm argumentiert da, dass im makroskopischen Bereich Eigenschaften auftreten, die auf der Quantenebene schlicht nicht existieren können und vice versa. Trotzdem können beide nicht unabhängig voneinander existieren, also ohne Wechselbeziehungen (schließlich leben sie in ein und derselben Welt). Denn Quantenpotentiale können ja letztlich nur in wohldefinierten makroskopischen bzw. klassischen Ereignissen (emergent) gewissermaßen *allein teilchenartig, ohne noch nach „außen" wirkenden* Wellenanteil Einzug halten.

Hier sehen wir auch das erste Mal die Beschreibung der überlagerten Quantenwelt als die einer Welt von „unvollständig definierten Potentialitäten" und auf der anderen Seite die determinierten Existenzen im makroskopischen Bereich, auf die Smolin (weiter unten) mit seinen „Möglichkeiten" (als „Quantenexistenzen") auf der einen Seite und mit gewissermaßen „endgültigen" makroskopischen Objekten auf der anderen aufbauen wird. Bohm schreibt:

„The necessity for presupposing a classical level and the appropriate classical concepts implies that the large scale behavior of a system is not completely expressible in terms of concepts that are appropriate at the small scale level. Thus, as we have seen, the concepts appropriate at the quantum level are those of incompletely defined potentialities."[5]

Bestimmte Wendungen der auf das Zitat folgenden Bohm'schen Argumentation tauchen inhaltlich zentral im Realismus Smolins auf. Von Bohm wird da unter anderem eine komplementäre Beschreibungsebene gefordert, einerseits

---

[5] David Bohm, *Quantum Theory*, Prentice-Hall, New Jersey (1951), reprint: Dover Publications, 1989:626.

für die atomaren Systeme, andererseits für die klassischen Systeme, denn sie verhalten sich eben ganz unterschiedlich – trotz ihrer quasirelationalen Ergänzungen im großen Bild.[6] Wir sehen, dass Smolin auch diese Einteilung genau übernommen hat. Er redet aber nie einfach nur von einer komplementären *Beschreibungs*ebene, sondern übergangslos von einer *realistischen* Komplementarität. Er fordert nämlich eine *fundamentale* Existenz für die Möglichkeitsebene der Quantenwelt und eine *emergente* Existenz für determinierte klassische Größen der Materie. Als kausale Übergangsphasen zwischen diesen beiden Ebenen werden Energie-Impuls-Ereignisse als sehr kurze Gegenwartsmomente (zeitatomar gewissermaßen) im Zeitpfeil eingesetzt.

Allerdings hatte Bohm das an anderer Stelle *auch schon* in realistischem Zusammenhang formuliert (nämlich nachdem er die *idealistische* Definition der Komplementarität von Welle und Teilchen als reine Anschauungsformen wie sie Niels Bohr verstand) argumentativ vollständig verlassen hatte. Bohm hatte sich nämlich zunächst, der Diskussion halber (man könnte auch sagen, aus lauter Gutmütigkeit), an Bohrs reine Beschreibungserzählung anzunähern versucht – bis er (nach weiterer intensiver Prüfung des dann irgendwann erkannten irreversiblen Idealismus bei Bohr) verstand, dass eine solche Geste des guten Willens seinen gerade sorgsam formulierten Realismus neutralisieren würde.

Bohm hatte, wie der Verlauf seiner weiteren Argumentationen zeigt, den Systemen der Quantenebene die ständige Tendenz zugesprochen, den gesamten Bereich ihrer Möglichkeiten *existentiell* abzudecken – also in diesen (superponierten) Eigenschaftszuständen *keine* klassische bzw. makroskopische Bestimmtheit zu zeigen. Andererseits sei auf der klassischen Ebene eine Tendenz zu beobachten, dass

---

[6]David Bohm, *Quantum Theory,* 1989, p. 627. „Thus, the large-scale and small-scale properties are both needed to desribe complementary aspects of a more fundamental indivisible unit, namely, the system as a whole."

Dinge *determiniert* werden ohne weiter „mitgeführte" Möglichkeiten – abgeleitet aus der Tatsache, dass wir makroskopisch keine Quantenwellenfunktionen bzw. keine Quanteninterferenzen sehen, jedenfalls keine kausal wirksamen, die über den Durchmesser des jeweiligen Objekts hinausgehen.

Bestimmte „Potentialitäten" existieren dann gewissermaßen auf Kosten aller anderen auf Quantenebene vorher noch vorhandenen (*wahrscheinlichkeits*theoretischen) Möglichkeiten. Anders gesagt, wenn wir von Quantenformaten übergehen auf klassische Eigenschaften, sehen wir, dass wir die nicht einfach aus der Quantenwelt deduzieren können, denn Letztere sind neu bzw. *erscheinen* (emergieren) ganz anders. Trotzdem müssen sie konsistent zur Quantenwelt beschrieben werden.

„These new properties manifest themselves, as we have seen, in the appearence of definite objects and events, which cannot exist at the quantum level. Large-scale and small-scale properties are not independent, but are actually in the closest inter-relationship. For, as we have seen, it is only in terms of well-defined classical events that quantum mechanical potentialities can be realized."[7]

Dieser *halb klassische* Ansatz, der hier wirklich *erstmals* in die physikalische Diskussion dieses Problems investiert wurde, ist später zur stärksten Inspiration für die Physiker:innen der Loop Quantum Gravity (*kurz: LQG*) geworden. Wir werden besonders in Smolins jüngsten *ArXiv*-Arbeiten (unten) sehen, dass er *diese Überlegungen* von Bohm konsequent und auf hochinteressante Weise weiterentwickelt hat in seiner Theorie der energetisch kausalen Mengen.

Diesen durch und durch *physikalisch* inspirierten Korrespondenzansatz für klein- und großskalige Entitäten (der sich gewissermaßen auf *metastabile* Weise mit unserer *gesamten* Wirklichkeit beschäftigt) wird man, nach allem, was hier gesagt wurde, hoffentlich nicht doch noch mit dem

---

[7] David Bohm, *Quantum Theory*, 1989, p. 627.

komplett *idealistischen* Komplementaritätsbegriff (bezüglich
Welle und Teilchen) bei Niels Bohr verwechseln wollen.
Denn der hat damit ja tatsächlich die streng idealistische
Behauptung verbunden, dass sowohl Welle als auch Teilchen messungsabhängige Eigenschaften sind, die es unabhängig (also ohne unsere Messungen) in der materiellen
Natur gar nicht gäbe. Und man wird den halb klassischen
Ansatz Bohms deshalb auch nicht mit dem kompletten (also
gewissermaßen „ganz klassischen") Rückzug Bohrs aus echter Quantenphysik auf die „Zeiger-Klassik" großer Messinstrumente verwechseln wollen, in dem Teilchen und Welle
eben letztlich auf eine instrumentalistische „Komplementarität" *im Urteil des Betrachters* reduziert werden.

Anders gesagt Bohr hat sich nur noch mit klassischen
Größenskalen beschäftigt. Er war mit Heisenberg der Meinung, dass man über Quantensysteme, die keine messbare
Wirkung in makroskopischen Experimentiergeräten hinterlassen (also klare Unterschiede in Zeigerstellungen etwa),
nicht reden kann und muss. Die Quantensysteme kommen
auf diese Art *an sich* – also wirklichkeitsrelevant – nicht mehr
vor.

Wir werden sehen, dass sich Smolin, von den halb klassischen, halb quantensystematischen Definitionen *Bohms*
äußerst fruchtbar angestiftet zeigt, die *gesamte Quantenwelt* – im Bereich der Quantensuperpositionen – als permanent möglichkeitsoffen (im Sinne einer *fundamental
innewohnenden Unbestimmtheit*) und die *klassischen* Größenordnungen als jeweilige *endgültige* Erscheinungsformen
zu modellieren. Letztere werden natürlich in ihrer „Endgül-
tigkeit" nur relativ zum jeweiligen Moment (also in einer
jeweiligen „Wimpernschlag"-Gegenwart) betrachtet. Das
heißt, ihr weiteres *makroskopisches Werden* wird mit einem
unzweideutigen globalen Zeitpfeil verbunden.

2.2   Die Koalition des Idealismus in Physik und Philosophie

Der Grund, warum sich immer auch besonders viele Philosophen für den antirealistischen Ansatz von Niels Bohr, Werner Heisenberg et al. interessiert haben (z. B. der gesamte logische Empirismus bzw. der Wiener Kreis um Rudolf Carnap, aber auch die deduktivistisch antirealistischen Ansätze in der Philosophie des Konstruktivismus und Konventionalismus), dürfte darin liegen, dass Bohr (in philosophischem Jargon gesprochen) *idealistischen* Empirismus betrieben hat – also keinerlei Ontologie.

Das kam der Mehrheit der Philosoph:innen sehr entgegen, denn jene waren und sind Antirealisten, die diesen Idealismus ja sogar in klassischen bzw. makroskopischen Größenordnungen für angebracht hielten und halten. Carnap, Neurath, Schlick, Wittgenstein und andere haben dabei bisweilen sogar eine Reduzierung auf behavioristische Erkenntnis*psychologie* für ausreichend gehalten – was sicherlich nicht von ungefähr an die heutigen Bayesianer erinnert.

Anders gesagt, man hat sich gern in methodologische Diskussionen über das geeignete „Wie" in subjektivistischer Erkenntnisgewinnung verloren und von Anfang an bestritten, dass es möglich sei (und wenn auch jeweils nur hypothetisch), allgemeine Aussagen zur Wirklichkeit zu machen (also zum materiellen „Was"), die sich dann auch im Feld oder im Experiment überprüfen lassen. In der Epistemologie reduziert man sich mit diesem Ansatz auf die operativen Erkenntniswerkzeuge des Erkennenden (mathematischer Strukturalismus) oder etwa auf die psychologische Beobachtungsstruktur des Beobachtenden (logischer Empirismus).

Ersteres wird aber genau genommen schon impliziert durch die alte antirealistisch-*rationalistische* Auffassung von

Immanuel Kant (dem Vater des Strukturalismus, wenn man so will), der uns *irreversibel* prädisponiert sah durch die evolutionär-biologisch reduzierten Anlagen unserer Sinne *und* unseres Gehirns in unhintergehbaren „Anschauungsformen". Wir würden immer nur im Rahmen dieser Beschränkung – also gefangen in dieser determinierenden Prägung – denken können. Und damit kämen wir eben letztlich nicht zu den „Dingen an sich".[8]

Kant glaubte *weder* an Zeit *noch* an Raum, sondern betrachtete beide nur als „Anschauungsformen" bzw. geeignete Instrumente der Vorstellung, um über Dinge sprechen zu können, die in dieser gedachten Zeit oder im gedachten Raum passieren. Er war also auch der erste Instrumentalist, der es für unmöglich hielt, etwas materiell oder energetisch Relevantes über Zeit und Raum zu sagen, das wahrheits- oder falschheitsfähig sein könnte. Denn Letztere waren ja seiner Meinung nach nur Hilfsvorstellungen, die es überhaupt erst ermöglichen sollten, sinnvoll über Dinge in diesen „Konzepten" zu reden.

Mit dem „Ding an sich" ist er dann bekanntlich ganz ähnlich verfahren. An das Ding an sich käme man letztlich nicht heran, eben weil wir alles immer nur von einer bestimmten *biologisch* deterministisch reduzierten Erkenntnis- bzw. Erfahrungsmöglichkeit aus wahrnähmen. Und das hieße letztlich, dass wir die Erkenntniserzeugnisse unserer „unkorrigierbaren" Vorurteilsrahmen für unmittelbare Wahrnehmung halten. So kommt man dann in der Tat über

---

[8] Karl Popper war ja bekanntlich der Meinung, dass Kant „der kritische Rationalismus auf der Zunge gelegen haben" müsse. Ich glaube das nicht, sondern eher, dass Poppers kritischer Rationalismus in fast reiner Epistemologie bzw. Methodologie stecken geblieben wäre, wenn er dem Kant'schen Argument der angeblich als natürlich gegebenen (determinierenden) Beschränkungen unserer biologischen Erkenntnisvoraussetzungen tatsächlich gefolgt wäre. Anders gesagt, der kritische Realismus Poppers hätte eher (umgekehrt) dadurch starken Schaden nehmen können, dass Popper sich – im Rahmen von Kants antirealistischer Epistemologie – von der Beschäftigung mit direkterer Ontologie (also *naiverem Realismus in Smolins Sinne*) ganz und gar hätte abschrecken lassen.

idealistische Kategorisierungen bzw. Klassifizierungen nicht hinaus.

Er war damit – wie man sich leicht klarmachen kann – auch für die ersten Mengenantinomien verantwortlich, bevor es die Mengentheorie überhaupt gab. Um aus dieser selbst gestellten Falle herauszukommen, muss man indessen nur *eine* der Prämissen Kants erfolgreich angreifen. Und das ist nicht die, dass wir immer hypothetisch (also logisch betrachtet) über Vorurteile an die Wirklichkeit herantreten, sondern die, die besagt, dass unsere Hypothesen bzw. Vorurteile *unkorrigierbar seien*.

Diese Prämisse ist nämlich sehr leicht ad absurdum zu führen durch *die Tatsache der biologischen Evolution an sich*. Denn die liefert uns die *Überlebenden* der am besten durch eigene aktive quasilamarcksche (bzw. epigenetische) Selektion angepassten Arten, *zusätzlich* zur passiven bzw. externen „natürlichen" Selektion, auf die uns Darwin aufmerksam gemacht hat.

Geeignete Anpassung (die wir überall beobachten können – in den Überlebenden eben) *impliziert* aber schon rein logisch Unmengen geeignet korrigierter Vorurteile. Geeignete Anpassung impliziert also, dass es auch *gelungene* Erkenntnis bzw. treffend interpretierte Wahrnehmung gibt.

Das Ganze funktioniert im Übrigen für alle Organismen über das bekannte Schema von *Versuch und Irrtum* und die Fähigkeit, einen Irrtum *als Irrtum* zu erkennen. Letzteres bedeutet nämlich (metalogisch) *Versuch und Erfolg* – als Korrektur der (gewissermaßen in „erster Lesung") vielleicht sogar sehr häufig falsch interpretierten Erfahrung bzw. Wahrnehmung. Wäre es anders, würde es keine Überlebenden der Phylogenese bzw. der Stammesgeschichte der Arten geben. Anders gesagt, wir wären schon *allesamt* ausgestorben.

2.2.1 Das halbe Wissen in der Quantenmechanik

Als wichtigste Kritik der Quantenmechanik am Determinismus allgemein (und damit trivialerweise auch am Determinismus der Vorhersage) wird von Smolin folgende Aussage wiedergegeben: „Wir können nur die Hälfte von dem wissen, was wir wissen müssten, wenn wir die Zukunft vollständig kontrollieren oder genau vorhersagen wollten."[9] Die bisherige Arbeitshypothese des makroskopischen Determinismus, dass wir nicht nur die Hälfte, sondern prinzipiell vollständiges Wissen erlangen können, ist hier suspendiert.

Wir machen in der Physik häufig die Erfahrung, dass wir Information über Zustände in der Natur als *Paar* besser gebrauchen können als einzeln. Die Position eines freien Teilchens verknüpfen wir gerne mit seinem Impuls, weil wir auch den weiteren Weg des Teilchens in der Zeit und im Raum wissen möchten. Das heißt, wir suchen in diesen Paaren durchaus die Möglichkeit deterministischer bzw. kommutativer Voraussagen. In der klassischen Physik funktioniert das auch problemlos. Die Quantenmechanik behauptet aber von Anfang an, dass das bei ihren Größenordnungen (also atomar und subatomar) nicht mehr funktioniert – und zwar prinzipiell nicht.

Die Quantenmechanik sagt uns dazu laut Smolin Folgendes (er nennt das ein aus zwei Teilen bestehendes Prinzip der *QM*):

„1. Wenn wir sowohl A als auch B zu einem bestimmten Zeitpunkt kennen würden, könnten wir die Zukunft dieses Systems genau vorhersagen."

Also, wenn wir sie gleichzeitig kennen würden, hätten wir die Möglichkeit einer deterministischen Vorhersage im klassischen Sinne. Tatsächlich gilt aber *quantenmechanisch*:

---

[9]Smolin, *Quantenwelt*:47.

„2. Wir können uns dafür entscheiden, A zu messen, oder wir können uns für die Messung von B entscheiden; und in jedem Fall werden wir Erfolg haben. Aber wir können nichts Besseres tun. Wir haben nicht die Wahl, gleichzeitig sowohl A als auch B zu messen."

Zusammen werden „1." und „2." als Prinzip der Nicht-kommutativität betrachtet, das heißt, die Reihenfolge der Manipulationen (Messungen) spielt eine Rolle.[10] Wenn wir also erst A und danach B messen, machen wir die erste Messung von A unbrauchbar für eine Vorhersage einer weiteren Messung von A. Die Zerstörung des Werts der vorhergehenden durch die nachfolgende Messung des anderen Werts belegt gewissermaßen jeweils *experimentell* das Prinzip der Nichtkommutativität auf Quantenebene. Eine Konsequenz daraus ist Heisenbergs Unschärferelation (oder Unsicherheitsprinzip). Die erklärt Smolin ebenso allgemein:

„Was geschieht, wenn wir ein gewisses Maß an Unschärfe bei der Messung von A gestatten? Dann können wir B messen, aber nur bis zu einer gewissen Grenze der Genauigkeit. Diese Unschärfen sind reziprok – je besser wir A kennen, umso schlechter können wir B kennen, und umgekehrt."

Wenn wir jetzt A durch q für die Position und B durch p für den Impuls ersetzen, können wir die Grenze der Messschärfe wie üblich aufschreiben (Werner Heisenberg erklärte das bekanntlich als fundamentale Grenze der möglichen *gleichzeitigen* Messgenauigkeit): $\Delta q \cdot \Delta p \sim h$.

Δ steht für das jeweilige Unschärfeintervall und h für das Planck'sche Wirkungsquantum. Man kann es auch so ausdrücken, dass das Produkt der Unschärfe von Position und Impuls nicht kleiner sein kann als h: $\Delta q \cdot \Delta p \geq h$.

So formalisiert man Heisenbergs Unschärfeprinzip, welches er selbst allerdings erst über die *Wellengleichung für das Elektron* ableiten konnte: $\lambda_{DB} = \frac{h}{p_e} = \frac{h}{m_e v_e}$. Diese

---

Verallgemeinerung der Welleneigenschaften von Bosonen (masselos) auf Fermionen (*mit* Ruhemasse) stammt aber bekanntlich schon von de Broglie. Und der war wiederum durch Einstein inspiriert. Einstein hatte (im Zusammenhang der Entdeckung der Lichtquanten im photoelektrischen Effekt) Photonen die Energie $E_{Ph} = h \cdot f$ zugesprochen. Damit wird die Äquivalenz von Energie und Frequenz klar, dergestalt, dass beide immer *proportional* miteinander variieren.

Mit $f = \frac{c}{\lambda}$ kann man zusätzlich den *umgekehrt* proportionalen Wert der Frequenz zur Wellenlänge in der Gleichung betonen: $E_{Ph} = h \cdot \frac{c}{\lambda}$. Also, je länger die Wellen, desto niedriger die Frequenz bzw. je höher die Frequenz, desto kürzer die Wellenlänge.

2.2.2 Das Dualitätsprinzip der Quantensysteme

Albert Einstein hatte *als Erster* die *Welle-Teilchen-Dualität* erfasst, am Beispiel der Photonen. Was sich daraus für Bosonen *wie* Fermionen (durch de Broglie) entwickelte, nennt man zusammengefasst *Einstein-de-Broglie-Beziehungen.*

Der Impuls, der hier (wie auch in Smolins jüngsten Arbeiten) so ausführlich behandelt wird, ist – ebenso wie die Energie – ein zentraler Begriff für die gesamte Physik. Beide sind bei *jeder* Wechselwirkung im Universum vorhanden und werden als ganzes *erhalten.* Die Energie beider kann weder aus dem Universum (verstanden als abgeschlossenes System) *verschwinden,* noch können Energie bzw. Impuls in einem „laufenden" Universum zusätzlich erzeugt werden (gleichgültig, ob es gerade expandiert oder kontrahiert). Der Impuls ist ein Vektor mit Masse (bzw. Energie):

„Energie und Impuls sind miteinander verknüpft. (...) wir müssen wissen, dass ein Teilchen, das sich ungehindert bewegt und einen exakten Impulswert hat, auch einen exakten Energiewert hat."

Denken wir an ein Teilchen mit einem bestimmten Impuls, aber völlig unbestimmter Position, so müsste das Teilchen „völlig ausgebreitet" sein. Das klingt nicht gut. Hier denken wir natürlich eher an eine Welle, aber an eine „reine Welle", wie Smolin schreibt, „eine solche, die mit einer einzigen Frequenz vibriert".[11]

Eine Welle lässt sich bekanntlich über die Häufigkeit der Schwingung pro Sekunde, also über ihre Frequenz v (oder f notiert) und die Entfernung zwischen den Spitzen der Wellenberge (oder Wellentäler) – also ihre Wellenlänge λ – bestimmen. Multipliziert man die beiden Werte, erhält man die Geschwindigkeit der Welle $v = v\lambda$.

Diese Verknüpfung von Energien mit Impulsen (nachgerade die Energieimpulse – die weiter unten so wichtig werden für Smolins Beschreibung kausaler Erbfolgenwechselwirkungen im evolutionären Zeitpfeil) taucht auf, wenn man sich klarmacht, dass die Wellenlänge λ (welcher Quantenentität auch immer) gleich dem Verhältnis von Plancks Quantum h zum Impuls p der Welle sein muss, also $\lambda = \frac{h}{p}$. De Broglie hat das noch etwas ausführlicher so notiert: $\lambda = \frac{h}{p} = \frac{h}{m \cdot v}$. So hat er Teilchen gut sichtbar eine Wellenlänge zugeordnet, die vom Energieimpuls des Teilchens abhängig ist.[12]

Was wird damit beschrieben? Auch ohne dass Kräfte auf das Teilchen wirken, hat es einen bestimmten Impuls und eben auch eine bestimmte Energie. „Diese Energie ist

---

[11] *Quantenwelt*:56.
[12] Diese Wellenbehaftung der Materie hat Erwin Schrödinger in einem Vortrag von 1953 („Unsere Vorstellungen von der Materie") unnachahmlich fesselnd erklärt: https://www.youtube.com/watch?v=hPyUFbKRwq0. Für ihn war die Definition der Welle bekanntlich wichtiger als die des Teilchens.

wiederum mit der Frequenz der Welle verknüpft, insofern beide proportional miteinander variieren."[13]

Und:

„Diese Beziehungen und Entsprechungen sind universal. Alles in der Quantenwelt lässt sich sowohl als Welle als auch als Teilchen auffassen. Das ist eine unmittelbare Folge des Grundprinzips, dass wir die Position oder den Impuls des Teilchens messen können, nicht aber beides gleichzeitig."[14]

Smolin gibt uns ein schönes Bild dazu. Bei einer Positionsmessung stellen wir uns zunächst ein Teilchen an einem bestimmten Ort im Raum vor (allerdings nur temporär). Der Impuls ist dagegen gänzlich unscharf. Deshalb stellen wir bei der nächsten Ortsmessung fest, dass das Teilchen „zufällig irgendwo anders hin gesprungen ist". Das muss so sein, denn wenn es an einem bestimmten Ort bleiben könnte, hätte es den Impulswert *null*.

Da es aber aufgrund seiner bewegten Masse-Energie immer einen Impuls größer null haben muss, kann es nicht an einem Ort bleiben. Auch Oszillation „auf der Stelle" impliziert ja einen ständigen Ortswechsel in den jeweiligen Schwingungsrichtungen. Das Teilchen ist also an keinem bestimmten Ort und verhält sich damit dann offenbar immer auch als *Welle*, aber als eine bestimmte Welle, nämlich als „reine Welle", wie Smolin schreibt: als „eine solche, die mit einer einzigen Frequenz vibriert."

Wenn man sich dann überlegt, dass wir in der *makroskopischen* Welt etwas ganz anderes erleben, nämlich dass Teilchen und Wellen sich immer ganz klar voneinander unterscheiden, und dass Teilchen Pfaden durch den Raum folgen, die wir als Trajektorien oder Bahnen bezeichnen, müssen wir zugeben, dass sich der Unterschied, der dazu in der Quantenwelt stattfindet, auch in den jeweiligen Beschreibungen

---

[13] *Quantenwelt*:56–57.
[14] *Quantenwelt*:57.

wiederfinden muss. Das Teilchen „hat zu jedem Zeitpunkt einen bestimmten Geschwindigkeitsvektor und folglich auch einen bestimmten Impuls. Eine Welle ist fast das Gegenteil. Sie hat keinen bestimmten Ort im Raum." Sie breitet sich nämlich immer im gesamten ihr zur Verfügung stehenden Raum aus. „Aber jetzt erfahren wir, dass Wellen und Teilchen verschiedene Seiten einer Dualität sind, das heißt verschiedene Möglichkeiten sich eine einzige Wirklichkeit vorzustellen."[15]

In der Quantenwelt gibt es laut Smolin keine echten Pfade für Elementarteilchen.[16] Bei den Messungen können wir zumindest *nicht* kommutativ (zum Impuls) scharfe Orte für die Teilchen bestimmen, aber anscheinend keine, die ohne Weiteres als Punkte auf Bahnen zu interpretieren wären. Den jeweiligen Impuls können wir ebenso bestimmen. Aber das ist dann eine Welle, die sich überall hin ausdehnt, wohin sie gelangen kann. „Wo wir das Teilchen finden werden, wenn wir anschließend seine Position messen, ist völlig ungewiss." Dieses argumentative Schema gilt anscheinend nicht nur für Licht und alle Fermionen, sondern auch (experimentfest) für Kombinationen derselben, also für Atome, Moleküle und inzwischen anscheinend sogar für ganze Proteine.

Smolin möchte hier nicht explizit ausschließen, dass die Welle-Teilchen-Dualität auch für makroskopische Entitäten (also universell) gelten könnte. Andererseits plädiert er aber auch nicht für eine solche Hypothese. In jedem Fall sei das Ergebnis bezüglich unseres „Quantenhalbwissens" dasselbe, nämlich, dass wir immer nur die Hälfte von dem ermitteln

---

[15] *Quantenwelt:*58.
[16] Detlef Dürr z. B. möchte dagegen an Bahnen festhalten. Er erinnert daran, dass wir Bahnen ja schon seit je in Blasen- und Nebelkammern sehen können – und sogar ganz deutlich nach Quantenkollisionen in Beschleunigern. Allerdings könnten wir diese Bahnen (mit Smolin auch) als *verschmierte Sprünge* der Teilchen interpretieren – als Folge ihrer nicht ortsstabilen Welleneigenschaften. Damit hätten wir einen Widerspruch vermieden und nur noch einen Interpretationsunterschied in Bezug auf Bahnen.

könnten, was wir benötigten, um die Zukunft deterministisch vorhersagen zu können.

Das ist eine Beschränkung, die offenbar unabhängig davon ist, dass die Quantenmechanik andererseits das umfassendste Spektrum an Instrumenten zur Ordnung der Phänomene unserer Welt zu liefern scheint – jedenfalls, wenn man seinen Frieden damit machen kann, dass wir bezüglich des Quantenregimes im Wesentlichen auf Wahrscheinlichkeitsvorhersagen reduziert bleiben.

Smolin stellt dann noch eine andere Verschachtelung der Reichweite der *QM* vor, die er „Subsystemprinzip" nennt. Diesem Prinzip zufolge muss jedes System, für das die *QM* gilt, ein Subsystem eines größeren Systems sein. Der Grund dafür ist, dass die *QM* sich nur auf *zu messende* Größen bezieht, wobei die Messinstrumente als außerhalb des untersuchten Systems betrachtet werden. Die Messbeobachter werden ebenfalls wiederum als außerhalb dieser beiden Systeme betrachtet. Das kann man bekanntlich in einer Untermengen-Hierarchie von Beobachtern modellieren, in der das materielle bzw. physikalische Untersuchungsobjekt ganz unten auch nur als „Observable" existiert.

Diesen russischen Puppen der Messbeobachtung hat John Stewart Bell allerdings eine geeignete Kritik vorgehalten, indem er in *realistischer* Sprechweise derartige „Observablen" (die ihm einfach zu idealistisch kontaminiert durch etwelche Beobachter-Staffeln schienen) durch den klaren Begriff der „beables" (der seinsfähigen Eigenschaften auf der Objektebene) ersetzt hat. Denn diese Eigenschaften waren von Bell als unabhängig existierend von Beobachtungsmethoden bzw. Messungen aller Art gedacht – also eben nicht beobachterrelativ oder gar erst durch die Beobachtung „erzeugt".

Die gesamte Makrophysik spricht im Übrigen natürlich über seinsfähige Eigenschaften bzw. lässt keinen Zweifel daran, dass sie über *Dinge an sich* spricht. In der klassischen Physik ist das auch nahezu trivial. In der Quantenmechanik geht es aber eben ganz anders zu – solange man sie nicht realistisch interpretiert und geeignet erweitert.

Smolin nennt dann einen allgemeinen Grund (neben all den spezifischen, die wir hier auch referieren), *warum die QM unvollständig sein muss*. Es ist ja immer wieder versucht worden, das Subsystemprinzip zu vermeiden (Hugh Everett III, Heinz. D. Zeh, et al.), um eine Abgeschlossenheit der *QM* etablieren zu können, indem behauptet wurde, dass eine schlüssige Quantentheorie für das ganze Universum entwickelt werden könne, wenn man *eine* physikalische Wellenfunktion als Superposition für das ganze Universum postuliert. In dieser Super-Superposition könne dann untersuchtes System, Messgerät, Messbeobachter und der „Rest" des Universums gemeinsam (mit all ihren wellenverzweigten Superpositionen) beschrieben werden. Bei den Viel-Weltlern wird argumentiert, dass das eine sogenannte „Vogelperspektive" ergeben würde, durch die man das ganze Bild erhalte, welches dann eben nicht mehr subjektiv sei.

Es ist sicherlich ein recht kühnes Unterfangen zu behaupten, dass man auch nur sich selbst – als Messbeobachter in all seinen alternativen „Kopien" und „Lebensläufen" – beschreiben könne, wie sie aus dem Viele-Welten-Setting ja folgen. Denn das könnte man ja – aufgrund der (laut Definition) fehlenden kausalen Verknüpfung der Wellenverzweigungen – nur theoretisch tun. Überprüfen kann man diese Theorie nicht. Man kann in ihr zwar den komplett *unterdefinierten Kopenhagener* Kollaps vermeiden, aber eben nur auf Kosten einer komplett *unüberprüfbaren* Theorie, die zu allem Überfluss an einem logisch invaliden Selbstbezug leidet.

Smolin weist auf die Schwierigkeiten hin, die entstehen, wenn „der Beobachter zu einem Teil des beschriebenen Systems gemacht wird."[17] Bei einem solchen Selbstbezug muss völlig

---

[17] *Quantenwelt*:62.

unklar bleiben, wie ein Beobachter eine vollständige Selbst-
beobachtung geben kann, weil der Akt der Selbstbeschrei-
bung sozusagen „On the fly" Veränderungen an der Person
auslöst.

Wir kennen ähnliche Effekte auch aus der Psychologie
der Erinnerung. Die Erinnerung am Zeitpunkt t_1 ist im
Wesentlichen immer eine Art Neuerzählung bzw. Neukon-
struktion dessen, was tatsächlich zum früheren Zeitpunkt t_0
erlebt, überlegt oder empfunden wurde. Das geht so gut wie
nie ohne Verfälschung des t_0-Inhalts ab, weil zu den unterschiedlichen Zeitpunkten schon rein prozessual ganz andere
neuronale Dynamiken herrschen (Zeugeneffekt: neun Zeu-
gen haben im Extremfall neun „verschiedene" Täter gesehen
– obwohl es nur einen gab).

Wenn wir jetzt noch einmal zurück in die klassische Physik gehen, dann würden wir sagen, die Teilcheneigenschaften
einer Entität sind vollständig beschrieben, wenn wir alle Eigenschaften und insbesondere den Ort und den Impuls aller
Teilchen beschreiben. Vom Impuls benötigen wir ebenfalls
alle Eigenschaften – also zusätzlich zur Masse und zur Geschwindigkeit alle Wellenlängen und alle Frequenzen. Dann
brauchen wir noch ein Gesetz, das die Zeitentwicklung der
Systeme beschreibt. Bei klassischen Größen würden wir von
Vollständigkeit ausgehen, wenn wir Wissen über all diese
Eigenschaften besitzen könnten. Wir wissen allerdings auch
schon hier, dass das einen Laplace'schen Determinismus erfordern würde, einen superwissenden „Dämon", der alle
gegenwärtigen Zustände des Universums kennt und von daher auch eine lückenlose Vorhersage für die Zukunft ableiten
könnte.

Von Newton bis zur *QM* glaubte man im Wesentlichen an
einen derartigen Determinismus im Rahmen aller Teilchenpositionen und ihrer Impulse. Es wurde zwar eingeräumt,
dass wohl Schwierigkeiten bestünden, alle Teilchenpositionen in der Praxis *sicher* und komplett ermitteln zu können,

weshalb auch schon vor der *QM* mit Ableitungen aus Dichte, Druck und Temperatur gearbeitet wurde. Prinzipiell war man allerdings der Meinung, wenn wir nur allwissend wie der Laplace'sche Dämon wären, könnten wir einen Determinismus ohne indeterministische Freiheitsgrade entwickeln.

Nun gründet dieser Glaube, egal wie anspruchsvoll er anmuten mag, auf einen nachvollziehbaren Glauben an eine objektive Wirklichkeit, auch wenn wir, die Realist:innen, wissen, dass wir diese dämonische Fähigkeit in der Praxis nicht annähernd erreichen werden. Aber mit der *QM* und ihren Phänomenen, insbesondere mit Heisenbergs Unsicherheitsprinzip, kam noch ein ganz anderer „Subtraktions"-Ansatz in Sichtweite, nämlich die Behauptung, dass wir auf der subatomaren und atomaren Skala von allem nur noch die Hälfte wissen können – also entweder den Ort oder den Impuls eines Teilchens *genau,* aber nicht beide zugleich *genau.* Die vollständige Information wird deshalb gerne als *klassischer Zustand* bezeichnet. Die Hälfte dieses Wissens bezeichnet man als *Quantenzustand:*

„Die Hälfte ist willkürlich; man kann sich für den Impuls entscheiden oder für die Position oder für eine Mischung aus beiden, solange nur die Hälfte der Information, die man braucht, um die Zukunft vorherzusagen, vorhanden ist und die andere Hälfte fehlt."[18]

Der Realismus glaubt, dass der Quantenzustand unabhängig von Experiment-Beobachtungen existiert. Wird das Gegenteil behauptet, ergibt das für ihn als Wirklichkeitsbeschreibung keinen Sinn. Der Antirealismus glaubt zu wissen, dass es sich gar nicht um eine Beschreibung der Wirklichkeit eines Teilchens handeln kann, sondern um eine der intersubjektiven Informationen handeln muss, die wir darüber ausschließlich experimentimmanent erzeugen.

---

[18] *Quantenwelt:*65.

Der Realismus gibt in dieser Frage eine ganz andere (gewissermaßen zweiteilige) Antwort:

„Wenn der Quantenzustand eines isolierten Systems zu einem bestimmten Zeitpunkt gegeben ist, gibt es ein Gesetz, das den genauen Quantenzustand dieses Systems zu jedem beliebigen folgenden Zeitpunkt vorhersagen wird."

Das ist eine der möglichen Formulierungen der *Schrödinger-Gleichung.* Smolin nennt sie im Verlauf meistens nur *Regel 1,* weil er zeigen möchte, dass es nur zwei Regeln gibt, die in der *QM* wichtig sind – die andere ist die Born'sche (statistische) Hypothese oder Born'sche Regel = *Regel 2,* wir lernen sie auch gleich kennen. Der Schrödinger-Gleichung (also *Regel 1*) wird *Unitarität* zugesprochen:

„Das Prinzip, dass es ein solches Gesetz gibt, wird als *Unitarität* bezeichnet. Während also die Beziehung zwischen dem Quantenzustand und dem Verhalten eines einzelnen Teilchens statistisch sein kann, ist die Theorie deterministisch, wenn es darum geht, wie der Quantenzustand sich in der Zeit verändert."[19]

Man muss bei diesem *Quantenzustand* einfach mehr an die Welle (bzw. ihre Impuls-Energie) denken als an das Teilchen, wie schon Schrödinger 1953 (im erwähnten Vortrag oben) empfohlen hat, dann bekommt man ein besseres Bild vom zufälligen Zustand des Teilchens und vom quasideterministischen Impuls-Energie-Transport der Welle. In der Gruppentheorie wird *Unitarität* als eine Zeittranslationssymmetrie der Dynamik beschrieben. Der Zeitentwicklungsoperator U wird als $U(t, t_0)$ notiert und liefert die zeitliche Entwicklung eines beliebigen Zustands bzw. einer beliebigen Wellenfunktion $|\psi\rangle$ vom Zeitpunkt t_0 zum Zeitpunkt t:

$$|\psi(t)\rangle = U(t, t_0 |\psi\rangle \quad \forall |\psi\rangle.$$

---

[19] *Quantenwelt:*66.

In der Schrödinger-Gleichung wird Unitarität über den *Hamilton-Operator* formuliert – der ja die Gesamtenergie der Dynamik *im Zeitpfeil* verwaltet. Eingesetzt in die Schrödinger-Gleichung sieht das so aus:

$$i\hbar\frac{\partial}{\partial t}U(t, t_0) = H(t)U(t, t_0).$$

In der Schrödinger-Gleichung wird der Zustand eines Quantensystems immer durch eine Wellenfunktion repräsentiert. Die zeitliche Veränderung wird dadurch beschrieben, dass ein Hamilton-Operator (also ein Energieoperator) auf die Wellenfunktion *wirkt*.

Von Schrödinger werden in diesem Zusammenhang die Wellenfunktionen, die jeweils als Lösungen der Gleichung auftreten – ebenso wie von Einstein und de Broglie – als eine Beschreibung der Wirklichkeit verstanden, *auch* im Quantenregime. Denn bei ihnen verändert sich ja nicht einfach nur ein Berechnungsablauf „in der Zeit" (man wüsste gar nicht, was Letzteres überhaupt heißen sollte), sondern ein *Quantenzustand*. Daran ändert sich auch nichts, wenn man gezwungen ist, Teilchenpositionen statistisch zu ermitteln.

Wenn man einen *allgemeinen* Quantenzustand herstellen möchte, kann man etwa zwei *reine* Wellen mit jeweils anderen Frequenzen und anderen Wellenlängen kombinieren. Bei der Messung der Energie einer solchen einzelnen Überlagerung erhalten wir das Frequenzspektrum der beiden Wellen, aus denen der neue Quantenzustand besteht. Das Ganze wird als Superposition der alten Zustände bezeichnet:

„Zwei beliebige Quantenzustände können zusammen superponiert werden, um einen dritten Quantenzustand zu definieren. Das geschieht durch das Zusammenfügen der Wellen, die den beiden Zuständen entsprechen. Das entspricht einem physikalischen

Prozess, der die Eigenschaft vergisst, die die beiden voneinander unterscheidet."[20]

So hört sich das Superpositionsprinzip bei Smolin an. *Verschiedene* Zustände (die dann etwa superponiert werden) kann man sehr schön (in drei kleinen Zeichnungen) (A) mit einem gleichmäßigen Sinuswellenzug für den *völlig unbestimmten Ort* des Teilchens bzw. einem *ganz bestimmten Impuls* darstellen. Eine *ganz bestimmte Position* kann man dagegen (B) mit einer Geraden darstellen, auf der in der Mitte in Form eines dazu senkrechten Striches (eines sogenannten *Spikes*) das Teilchen (bei einer Detektion etwa) erscheint – mit (entsprechend) *völlig unbestimmtem Impuls bzw. völlig unbestimmter Wellenlänge.* Den Zustand (C) *dazwischen* kann man dann *mit einer einzelnen Welle* (orthogonal auf einer Geraden) darstellen. Smolin zeigt diese Zustände in entsprechenden Zeichnungen (die wir hier – aus rechtlichen Gründen – nicht übernehmen).[21] Alle Definitionen, die damit verbunden sind, genügen den Heisenberg'schen Unsicherheits- bzw. Unschärfeprinzipien.

Von einem realistischen Standpunkt aus ist es ganz wichtig zu sehen, dass Beziehungen zwischen Quantenzuständen und Beobachtern *probabilistisch* beschrieben werden, aber *nicht die* zwischen einem Quantenzustand zum Zeitpunkt t_0 und einem anderen zum Zeitpunkt t_1.

Nun gilt die Schrödinger-Gleichung nur für vom restlichen Universum isolierte Systeme, die also frei von jeglichen äußeren Störungen sind. Bei einer Messung stören wir das System aber zwangsläufig „dadurch, dass wir es zwingen, mit einem Messgerät zu interagieren. Daher gilt Regel 1 nicht für Messungen"[22].

---

[20] *Quantenwelt*:68.
[21] *Quantenwelt*:67.
[22] *Quantenwelt*:69.

2.2.3 Wahrscheinlichkeiten kommen mit den Messungen

Mit den Messungen kommen also die Wahrscheinlichkeiten in die Quantentheorie – insofern, als es verschiedene mögliche Ergebnisse einer Quantenmessung auch bei exakt gleicher Ausgangspräparation gibt. Die zugehörigen Wahrscheinlichkeiten möglicher Orte etwa hängen aber vom Quantenzustand ab. Das wird in der Born'schen Regel ausgedrückt *(Regel 2)*. Smolin formuliert die *Regel 2* so, dass die Wahrscheinlichkeit, das Teilchen an einem bestimmten Ort zu finden, proportional dem „Quadrat der Höhe der Welle" an diesem Raumpunkt ist. *Regel 2* wird bei Born häufig abgekürzt notiert: $| \psi |^2$. Smolin erklärt, warum der Betrag quadriert wird:

„Eine Wahrscheinlichkeit ist immer positiv, aber Wellen oszillieren zwischen positiven und negativen Werten. Das Quadrat ist jedoch immer positiv, und es ist das Quadrat, das mit der Wahrscheinlichkeit verknüpft ist. (...) Je höher die Größe oder Höhe einer Welle, umso wahrscheinlicher wird man das ihr entsprechende Teilchen an diesem Punkt finden."[23]

Und er fügt hinzu, dass die Welle den Quantenzustand *repräsentiert.* Wenn wir das Quantensystem in Ruhe ließen, würde es sich *nach Regel 1* deterministisch in der Zeit entwickeln:

„Aber der Quantenzustand ist nur indirekt mit dem verknüpft, was wir beobachten, wenn wir eine Messung vornehmen, und diese Beziehung ist nicht deterministisch. (...) Die Zufälligkeit kommt hier auf grundlegende Weise ins Spiel."[24]

Obwohl wir nur Wahrscheinlichkeitsaussagen für die möglichen Beobachtungen besitzen, haben wir aber durch die Messung selbst am Ende folgenden Zustand:

---

[23] *Quantenwelt:*70.
[24] *Quantenwelt:*70.

„Es ist der Zustand, der dem Ergebnis entspricht, das wir durch die Messung erhalten haben."

Regel 2 sagt dazu:

„Das Ergebnis einer Messung kann nur probabilistisch vorhergesagt werden. Aber danach ändert die Messung den Quantenzustand des gemessenen Systems, indem sie es in den Zustand versetzt, der dem Messergebnis entspricht. Das wird als Kollaps der Wellenfunktion bezeichnet."[25].

2.3 Einzelne Quantensysteme und Durchschnitte

Wenn einem einzelnen Quantsystem ein Wert zugewiesen werden soll, dann geht das nur über eine Messung der gefragten Eigenschaft. Nehmen wir den Ort eines Teilchens. Wir können ihn präzise bestimmen, wenn wir nicht gleichzeitig den Impuls messen wollen. Smolin fragt, inwiefern das Unschärfeprinzip uns häufig verbietet, „dass wir irgendetwas anderes erörtern als Durchschnitte."[26] Das lässt sich leicht damit erklären, und zwar obligatorisch, dass zwei Atome – im Ausgangszustand identisch präpariert – bei einer späteren Messung unterschiedliche Werte zeigen.

Die Normerhaltung (auch häufig als Wahrscheinlichkeitserhaltung bezeichnet) wird in der Quantenmechanik aus vielen einzelnen Ortsmessungen der jeweiligen Quantsysteme (aus einem Nacheinander-Ensemble im Millionenbereich) bezogen und zu recht als großartige Bestätigung der Born'schen Hypothese der Quantengleichgewichtsverteilung $| \psi |^2$ verstanden. Hier muss aber eigentlich gar nichts normalisiert bzw. korrigiert werden, so genau stimmen die Ensemble-Kontrollen mit $| \psi |^2$ überein. Die

---

[25] *Quantenwelt*:71.
[26] *Quantenwelt*:97.

Wahrscheinlichkeitserhaltung könnte man deshalb vielleicht auch – physikalischer gewissermaßen – als *Streuungserhaltung* bezeichnen.

In den meisten anderen Fällen sorgen derartige statistische Messungen ja für nicht unerhebliche Korrekturen an den jeweiligen Theorien bzw. ihren A-priori-Ableitungen/Vorhersagen, so dass Detlef Dürr im Hinblick auf derartige Fälle schon von „Normalisierungstricks" gesprochen hat. Denn die Korrekturen erfüllen ja den Tatbestand der *Nicht*-Bestätigung der jeweiligen A-priori-Vorhersage.

So gut sie auch funktioniert, die Born'sche Regel bleibt ebenfalls immer eine *Hypothese* (wie Dürr sie auch explizit nennt), die eine *rein* statistische Interpretation der Quantenmechanik zu transportieren scheint. Natürlich sind auch die Realist:innen zu probabilistischen Vorhersagen gezwungen, aufgrund der Tatsache eben, dass Quantensysteme bzw. Teilchen trotz gleicher Anfangspräparation (aufgrund ihrer Welleneigenschaften) *immer streuen*. Sie verwenden also ebenfalls die *Regel 2* als Vorhersageinstrument (sie wird dann durch eine experimentelle Normierung der Lösungen bzw. der jeweiligen Wellenfunktionen als Lösungen der Schrödinger-Gleichung bestätigt).

Was dabei aber vielleicht auffällt ist: Der Realismus kann die *Regel 2 nicht*-hypothetisch bzw. trivial aus dem (experimentell hervorragend gestützten) Welle-Teilchen-Dualismus *ableiten*. Das heißt, *Regel 2* kann aus der Schrödinger-Gleichung plus der De-Broglie-Führungsgleichung abgeleitet werden. Umgekehrt gilt das natürlich nicht. Deshalb bezeichnet Smolin die „überwiegend deterministische" Schrödinger-Gleichung bzw. ihre Zeitentwicklung als unitär im physikalischen Sinn.

In der *QM* werden alle möglichen Ensembles untersucht. Das sind etwa Mengen von Atomen, also Individuen, die sich in einer Eigenschaft gleichen und in anderen unterscheiden.

Beispiel: Energie gleichbleibend, andere Werte variieren. Es sind etwa Gase, in denen die Individuen (Atome oder Moleküle) gleich bleiben, die Orte und die Bewegungsenergien aber variieren. Es ist gemeinhin üblich,

„die Ergebnisse der Durchschnittsbildung über viele Exemplare eines Einzelsystems hinweg anhand der Eigenschaften dieser Einzelsysteme zu erklären. In der Quantenmechanik ist es jedoch häufig umgekehrt, sodass eine Eigenschaft eines einzelnen Atoms anhand von Durchschnitten erklärt wird, die über viele Atome hinweg gebildet wurden."[27]

Wenn man sich individuelle Eigenschaften ansieht, die die *QM* ermitteln *kann,* etwa die Energie eines Atoms oder eines Moleküls, können wir feststellen, dass die Energien über ein Spektrum variieren. Das ganze Spektrum wird allerdings schon von einem einzelnen Atom in verschiedenen Zuständen erzeugt (experimentgestützt). Diese Spektren werden von der *QM* aber aufgrund von Untersuchungen *an Ensembles* korrekt vorhergesagt. Die *QM* sagt sogar, warum die jeweiligen Systeme nur diese Spektren besitzen können. Dazu wird die Welle-Teilchen-Dualität in zwei Schritten in Anschlag gebracht, z. B.:

„Im ersten wird die Beziehung zwischen Energie und Frequenz benutzt (...). Ein Spektrum diskreter Energiewerte entspricht einem Spektrum diskreter Frequenzen. Der zweite Schritt nutzt das Bild eines Quantenzustands als Welle."[28]

Man kann sich dazu – als Frequenzgeber bzw. Oszillator – etwa eine schwingende Saite vorstellen, die gezupft wurde. Wir setzen diese Quantenzustände, die sich in der Zeit ändern, jetzt in die Schrödinger-Gleichung ein, um die Schwingungsfrequenzen vorherzusagen. Sie liefert als „Ausgabe" die sich in der Zeit verändernden Schwingungsfrequenzen, welche dann in äquivalente Schwingungsenergien

---

[27] *Quantenwelt:*98.
[28] *Quantenwelt:*99.

übersetzt werden können. Nehmen wir ein System Elektron-Proton, erhalten wir bspw. das Frequenzspektrum des leichten Wasserstoffs.

Schwingungsenergien von atomaren oder molekularen Systemen werden durch Oszillationsanregungen – etwa durch absorbierte Photonenanregung – vom stabilen Grundzustand entfernt (in Richtung höherer Energie), oder durch Photonenemission wieder dahin (also zu niedrigerer Energie) zurückgebracht. Kurz: Frequenzen kann man als Energiespektren beschreiben und umgekehrt.

Man hat hier ein Bild, wie Frequenz und Energie proportional zusammenhängen – gewissermaßen auch wieder in Form *einer* Entität mit zwei Erscheinungsaspekten. Auch bei größeren Systemen (Molekülen, Festkörpern) kann man diese Spektren beobachten, und, dass die *QM* aus ihren Durchschnittsuntersuchungen zutreffende Vorhersagen für die Spektren einzelner Quanten oder Atome machen kann:

„Für jede Schwingungsfrequenz kann die Gleichung, die die Quantenmechanik definiert, gelöst werden, um die entsprechende Welle zu ergeben. Wir verwenden dann die Born'sche Regel (dass das Quadrat der Welle proportional zur Wahrscheinlichkeit ist, das Teilchen zu finden), um Wahrscheinlichkeiten dafür vorherzusagen, dass das Teilchen an verschiedenen Orten festgestellt wird."[29]

Zustände bestimmter Energie sind also immer mit unbestimmten Positionen korreliert. Wenn wir etwa die Positionen der Elektronen von einer Million verschiedener Wasserstoffatome (nacheinander) im Grundzustand (geringster Energie) messen, relativ zum Proton, dann ergibt jede *individuelle* Messung einen anderen Ort. Manche Elektronen werden weit entfernt sein vom Proton, aber die meisten werden dicht um das Proton erscheinen. Und diese (etwa durch eine Million Messungen) gewichtete statistische

---

[29] *Quantenwelt:* 100.

Verteilung (nicht der exakte Ort) ist das, was die *QM* vorhersagt (den exakten Ort gibt es erst bei der Messung):

„Dem Unschärfeprinzip zufolge lässt sich die Position keines Elektrons vorhersagen. Aber man kann die statistische Verteilung der Positionen feststellen, die sich aus der Messung einer überaus großen Zahl ergibt."[30]

Und diese Verteilung wird durch die Quadrierung der jeweiligen Wellenfunktion *berechnet* bzw. durch ihren quadrierten Betrag $| \ \psi \ |^2$. Realist:innen schreiben das übrigens gerne detaillierter bzw. informativer, nämlich $P(r, t) = \psi(r, t) \psi(r, t) = | \ \psi(r, t) \ |^2 = | \ \psi \ |^2$. Im ersten Ausdruck wird klar, dass es um die *Wahrscheinlichkeit* des Aufenthaltsortes r des Teilchens zur Zeit t geht. Im zweiten Ausdruck bekommt man einen Blick auf den Realitätsbezug der Wellenfunktion: ψ als *Funktion* des Ortes zur Zeit t. Man sieht auch, gewissermaßen ausgepackt, *was* da quadriert wird (*warum*, haben wir schon erfahren: damit das Ergebnis positiv ist). Im nächsten Ausdruck sieht man (immer noch sehr informativ) die Ortsfunktion zur Zeit t als *quadrierten Betrag*. Und mit dieser erklärenden Notation kann man sich dann auch sehr schön Max Borns Abkürzung für diesen Wahrscheinlichkeitsausdruck merken.

2.3.1 Die reale Welle

Die reale Welle kommt in der *QM* nicht vor. Sie wird erst in der De-Broglie-Bohm-Theorie als *Führungswelle* den Teilchenorten hinzugefügt – aufgrund der Entdeckung des *allgemein* geltenden *Welle-Teilchen-Dualismus,* der für *alle* Quantenentitäten gilt (also eben nicht nur für Bosonen, wie das Photon, sondern auch für alle Fermionen). Die *Materie*wellen wurden experimentell zuerst für das Elektron

[30] *Quantenwelt:* 101.

gezeigt – später dann auch für sehr viel größere (molekulare) Objekte.[31]

Zusätzlich zur Schrödinger'schen Zeitentwicklung werden in de Broglies Bewegungsgleichung/Führungsgleichung Trajektorien Q_i (t) für die Teilchenorte der durch die Wellen geführten Teilchen eingeführt:

$$\frac{d\vec{Q}_i}{dt} = \frac{\hbar}{m_i} \, \text{Im} \, \frac{\vec{\nabla}_i \psi}{\psi}.$$

Wir sehen an dem Nabla-Gradienten, dass hier ebenfalls über eine *Verteilung* der Teilchenorte gemittelt werden muss, aber wir sehen auch, dass der Teilchenbegriff *und* der Wellenbegriff *realistisch* angesprochen werden.

Dass sich beide Eigenschaften bei Quantensystemen zeigen, abhängig von der Präparation der Messung am Doppelspalt (kalte Quelle: Wellen – heiße Quelle: Teilchen), wurde experimentell für alle Quantenobjekte gezeigt – und inzwischen auch für sehr große biologische Makromoleküle. In Experimenten (von 2019) wurde z. B. festgestellt, dass die untersuchten *Oligoporphyrine* De-Broglie-Wellenlängen aufwiesen, die ca. fünf Größenordnungen unter dem Durchmesser der Moleküle selbst liegen.[32]

Bei diesen Untersuchungen hat sich folglich gezeigt, dass sogar die fünf Größenordnungen kürzere Welle (gegenüber dem Durchmesser des Objekts) nicht ausreicht, um eine Superposition zweier (oder auch mehrerer) molekularer Entitäten dieser Größenordnung auszuschließen.

---

[31]Wenn man sich für Berechnungsdetails (auf realistischem Boden sozusagen) interessiert: Für *Fullerene* etwa (Moleküle mit 60 Kohlenstoffatomen) – durchgerechnet für die *de-Broglie-Wellenlänge* – sieht das dann so aus: $\lambda = \frac{h}{p} = \frac{h}{m \cdot v}$ $\Rightarrow$ $\frac{6{,}63 \cdot 10^{-34}\,\text{Js}}{60 \cdot 12u \cdot 215\,\frac{m}{s}} = \frac{6{,}63 \cdot 10^{-34}\,\text{Js}}{60 \cdot 12 \cdot 1{,}66 \cdot 10^{-27}\,\text{kg} \cdot 215\,\frac{m}{s}} = 2{,}6 \cdot 10^{-12}$ m. Das *u* steht für die atomare Masseneinheit (1 u = 1,66056 · 10^{-27} kg).

[32]„Nature", Dezember, 2019, https://www.nature.com/articles/s41567-019-0663-9.

Man muss also davon ausgehen, dass Entitäten, die gar keine Superpositionen mehr eingehen können, *sehr viel höhere Masse* besitzen müssen (und entsprechend ein wesentlich extremeres Verhältnis von Wellengröße zu Durchmesser aufweisen müssen). Und das dürfte da zu finden sein, wo wir auch gar keine Superpositionen mehr feststellen können – also in typisch makroskopischen Bereichen (von Katzen, Tischen, Bäumen etc.).

Dadurch ist der Zusammenhang der ungleich höheren Masse (bzw. Energie = höhere Frequenz = kürzere Wellenlänge) dafür verantwortlich, dass die Wellenlänge sehr sehr viel kleiner sein muss als der Durchmesser der beteiligten (dann eben klar nicht mehr überlagerten) Entitäten, um Superpositionen völlig auszuschließen.

Die Kopenhagener Schule hat notorisch versucht, diesen geballten Realitätsanspruch für den Welle-Teilchen-Dualismus als naiv darzustellen, indem sie im Rahmen ihres *idealistischen* „Komplementaritätsprinzips" behauptete, dass die jeweils beobachtete Eigenschaft (also sowohl Wellen- als auch Teilchenverhalten) letztlich nicht dem Quantenobjekt, sondern der Art der phänomenologischen Beobachtung des Untersuchungsobjekts per Messgerät zuzuschreiben sei. Anders gesagt, das Ganze sei nur unsere Art der Deutung, die man nicht auf eine dahinterliegende Wirklichkeit abbilden könne.

Zwei Beschreibungen, die sich Bohrs Meinung nach ausschließen, durften also nur als phänomenologisch „komplementäre Observablen" überleben:

„Nach dem Wesen der Quantentheorie müssen wir uns also damit begnügen, die Raum-Zeit-Darstellung und die Forderung der Kausalität, deren Vereinigung für die klassischen Theorien kennzeichnend ist, als komplementäre, aber einander ausschließende Züge der Beschreibung des Inhalts der Erfahrung aufzufassen, die

die Idealisation der Beobachtungs- bzw. Definitionsmöglichkeiten symbolisieren."[33]

Man sieht hier sehr schön, dass Idealisierung und Beobachtung für Bohr im Wesentlichen dasselbe zu sein scheinen. Und so begibt es sich offenbar, dass man am Ende nur noch mit der eigenen Wissens*idealisation* beschäftigt ist, weil mehr angeblich nicht möglich sei.

Smolin hält fest, dass sich ein Quantenzustand *überwiegend deterministisch* entwickelt, also nach *Regel 1*. Bei einer Messung erhalten wir einen bestimmten Wert (einen bestimmten Ort etwa). Da wir bei den (methodisch hoch redundanten) Quantenmessungen allerdings jedes Mal einen anderen Ort, also in der Summe eine Statistik von Möglichkeiten erhalten, folgt daraus auch die Notwendigkeit einer probabilistischen Vorhersage nach *Regel 2*. Die Schrödinger-Gleichung beschreibt indessen die zeitliche Änderung des dynamischen Systems, übernimmt also die Hamilton'schen Bewegungsgesetze in Quantenanpassung. Ein Eingabezustand an t_0 der Gleichung wird gewissermaßen in einen Ausgabezustand an t_1 verwandelt. Handelt es sich dabei um eine Superposition, wird auch eine veränderte Superposition ausgegeben.

Messungen nach *Regel 2* ergeben aber etwas ganz anderes – sie geben *immer* einen bestimmten Wert aus:

„Selbst wenn der Eingabezustand eine Superposition aus Zuständen mit bestimmten Werten ist, gilt dasselbe folglich nicht für den Ausgabezustand, da er genau einem einzigen Wert entspricht."[34]

Regel 2 sagt *im Eingabezustand* nur etwas über *Wahrscheinlichkeiten* für diesen bestimmten Wert. Allerdings sagt sie es so (neutral), dass es dem Realismus wohl freisteht, ihr

---

[33]Niels Bohr, *Atomtheorie und Naturbeschreibung*, 1931:36.
[34]*Quantenwelt*:104.

P auch als *Propensitäts*maß zu betrachten – also als *Verwirklichungstendenz* (nicht als leeres Maß für unser Unwissen).

In jedem Fall brauchen wir die *Regel 2* für die Gewichtungen der jeweiligen Verteilungsfunktion. „Doch wenn wir Realisten sind, dann sind Messungen einfach nur physikalische Prozesse." Deshalb können sie keinen Sondermodus erhalten wie bei Bohrs *vorsätzlichem* „Halbwissen", das in seinem radikalen Subjektivismus ja gewissermaßen *ganz klassisch* (zurückgezogen auf makroskopische Zeigerstellungen oder Detektoren-Klicks) sogar übergangslos zum „Gar-nichts-Wissen" (über die restliche, gerade nicht gemessene Wirklichkeit) wird.

Für den Realismus gibt es nichts Besonderes an Messungen, das sie von anderen Wechselwirkungen unterschiede: „Daher ist es unter Annahme des Realismus sehr schwer zu rechtfertigen, dass man Messungen eine Sonderrolle zuweist. Folglich ist es auch schwer, die Quantenmechanik mit dem Realismus zu vereinbaren."[35]

Für den Antirealismus sind die Messungen aber eben etwas ganz Einzigartiges. Sie setzen durch die behauptete Zustandsreduktion der Wellenfunktion (ihren sogenannten „Kollaps") ja kurzzeitig die ganze Schrödinger-Gleichung außer Kraft. Da die Wellenfunktion für den Antirealismus aber *gar nicht physikalisch existiert,* weiß man nicht, was da eigentlich zu einem Teilchenort kollabieren soll: die Berechnung?

---

[35] *Quantenwelt:*104.

3

Die instrumentalistische Resignation

3.1 Einsteins Verdacht hinsichtlich der Unvollständigkeit der *QM*

In seinem Kapitel „Sechs" betont Smolin, dass die Quantenphysik eine Neuformulierung benötigt, bei der *verborgene Variablen* nicht von vornherein ausgeschlossen werden dürfen, denn ihre Entdeckung (in den *verschiedensten* möglichen Formen) *ist* logisch nicht auszuschließen.

Die Versuche, die Unmöglichkeit von verborgenen Variablen (jeder Art) *zu beweisen,* sind deshalb nicht von ungefähr kläglich gescheitert. Ein besonders misslungenes Exemplar eines solchen Versuchs ist uns durch John von Neumanns ungültigen Beweis in dieser Frage überliefert. Schon Grete Hermann (eine ehemalige Studentin von Emmy Noether) und später dann auch John S. Bell konnten zeigen, dass von Neumann (logisch zirkulär) nahezu die gesamte *QM* als Beweis-Prämisse vorausgesetzt hatte, um die Unmöglichkeit verborgener Variablen zu beweisen.

© Der/die Autor(en), exklusiv lizenziert an Springer-Verlag GmbH, DE, ein Teil von Springer Nature 2023
N. H. Hinterberger, *Der Realismus - in der theoretischen Physik,*
https://doi.org/10.1007/978-3-662-67695-0_3

Smolin betont, dass Einstein auch hier der erste war, der über die mögliche Unvollständigkeit der *QM* gesprochen hatte. Und das ist natürlich nicht aus dem Weg, nur weil Einsteins *lokaler* Realismus sich nicht durchhalten ließ – siehe dazu John S. Bells berühmte *Ungleichungs*argumentation.

Bell hatte sie 1964 veröffentlicht, um Einsteins „lokalen Realismus" (in Form einer Reductio ad absurdum) zu überprüfen. Er ging mit den Postulaten der Speziellen Relativitätstheorie davon aus, dass in einem Setting *lokaler* materieller Korrelationen keine davon instantan, also mit Überlichtgeschwindigkeit erlaubt sei. Nun wissen wir inzwischen, dass Wechselwirkungen bzw. Informationsübertragungen im üblichen Sinne höchstens mit *c* möglich – also lokal – sind, es aber Verschränkungskorrelationen gibt, die (experimentfest) *instantan* bestehen. Mit der Entdeckung Letzterer konnte Einsteins Beschränkung des Realismus auf lokale Korrelationen widerlegt werden.

Im Rahmen der dabei von Bell *beweistechnisch* vorausgesetzten Lokalität stellte sich heraus, dass die Bell'sche Ungleichung verletzt wird, wenn man die aus der *QM* folgenden und später auch entdeckten instantanen Korrelationen verschränkter Teilchen berücksichtigt. Wie sich noch später durch Lee Smolin (et al.) ergab, konnte das aber nur mit einer ganz *andersgearteten Konnektivität* bzw. *Korrelation* (welche den Raum nicht mehr fundamental, sondern bloß emergent behandelte) erklärt werden. Wir kommen gleich darauf.

Zu jener Zeit wurden aber eben durchwegs noch keine *andersartigen* Eigenschafts*korrelationen* (*ohne* Wechselwirkung im herkömmlichen Sinne) vorausgesetzt. Die auf der Idee der Verschränkung (ohne explizit genannten Mechanismus) aufbauenden Experimente zeigten dann in der Tat *instantane Korrelationen* über große Entfernungen. Sie wurden aber häufig genug *fälschlich* als Wechselwirkung bzw. Informationsübertragungen interpretiert, die trivialerweise die unerwünschte Überlichtgeschwindigkeit implizieren mussten.

Eine instantane „Eigenschaftsgleichschaltung" oder „Gegenteilkorrelation", die man sich ohne klassische Wechselwirkung in Form einer *irgendwie anders gearteten Korrelation von Eigenschaften* denken könnte, wurde seinerzeit noch nicht wirklich diskutiert.

In diesem Beweis von Bell – und durch dessen notorische Bestätigung in allen Experimenten – wurde aber klar, dass Einsteins *Lokalitäts*bedingung für materielle Korrelationen aller Art widerlegt war bzw. dass man neben den echten lokalen *Wechselwirkungen* auch von *non*lokalen Korrelationen ausgehen musste, so dass der *Realismus* nur noch *nonlokal* zu formulieren war.

Fairerweise muss man hier allerdings wohl erwähnen, dass Einstein *nur* an Korrelationen dachte, die durch *echte* Wechselwirkungen bzw. Informationsübertragungen in Erscheinung treten. Und darin hat er ja recht behalten: Nonlokale *Wechselwirkung* gibt es in der Tat nicht – bzw. gäbe es nur als „spukhafte Fernwirkung". Aber die nonlokalen Beziehungen einer Verschränkung kann man eben nicht als Wechselwirkung im üblichen Sinn deuten. Wir werden (weiter unten) sehen, dass sie ohnedies nicht fundamental, sondern nur *emergent* bestehen (wie Smolin argumentiert) – und dadurch ihren Schrecken (als Quantenmystizismus) wohl etwas verlieren. Aber es gibt sie makroskopisch auch über sehr große „Entfernungen", und zwar *plausibel,* wenn man den emergenten Raumbegriff dafür mobilisieren möchte.

Auch die Idee der verborgenen Variablen ist von da aus – nämlich *nonlokal realistisch* – widerspruchsfrei zu formulieren. Die neue Definition der Nonlokalität – als *nicht* wechselwirkende Korrelation (wohlgemerkt) – muss genau genommen schon selbst als das gewichtigste Beispiel einer (ursprünglich) *verborgenen Variablen* betrachtet werden, die nun durch ihre Entdeckung *in der emergenten Realität* eben gar nicht mehr so verborgen ist.

3.1.1 Der Streit um Welle *oder* Teilchen

Newton hatte sich bekanntlich exklusiv für die Teilchen-sichtweise bezüglich des Lichts entschieden. Thomas Young votierte exklusiv für die Welle. Das erste Doppelspalt-Experiment machte er mit Wasserwellen, die durch zwei Spalte in einer Holzbarriere flossen. Bald darauf folgten dann auch die ersten Doppelspalt-Experimente mit Licht, wobei er Wellenlängen aus Interferenzbildern berechnete. Er ent-wickelte daraufhin eine Wellentheorie des Lichts, die zu-nächst einmal Newtons Teilchentheorie gänzlich abzulösen schien.

Auch James Clerk Maxwells Elektromagnetismus ver-stärkte diesen Trend zur Welle als *Ersatz* für die Teil-chenvorstellung. Erst Albert Einstein konnte die beiden Vorstellungen wieder (experimentgestützt) miteinander ver-söhnen – inspiriert von Max Plancks Quantisierungspro-gramm der Energie plus der eigenen Entdeckung des photoelektrischen Effekts, bei der sich die Teilcheneigen-schaft des Photons zeigte. Planck selbst glaubte bei seinem Wirkungsquantum h allerdings nur an einen ma-thematischen Trick, den er zur Lösung der theoretischen Ultraviolett-Katastrophe[1] beisteuern wollte. Einstein zeigte dann aber sehr bald den – seither in der *Planck-Einstein-Gleichung* zu findenden – Realitätsbezug dieses Quantisie-rungsansatzes. Denn $E = h\nu$ besagt, dass die Energie eines Photons gleich dem Produkt des Planck'schen Wirkungs-quantums mit der Frequenz ist. Etwas mehr ausgepackt:

---

[1]Also zum Problem der aus der klassischen Kontinuitätsphysik differential fol-genden „unendlich" hohen Temperaturen beliebiger Schwarzstrahler, also auch beliebig kleiner „Öfen", wenn man so will.

$E_{photon} = h\nu = \frac{hc}{\lambda} = \hbar\omega$. Omega steht für die Kreisfrequenz: $\omega = 2\pi\nu$.

Einstein fand überdies heraus, dass die Energie, die man durch Lichteinfall einem Elektron übergibt, nicht mit der Intensität (also der Lichtmenge) zunimmt, sondern mit der „Farbe" – also *objektiv* mit der *Frequenz,* die von Rot nach Blau zunimmt. Man muss die Frequenz der *einzelnen* Photonen also gewissermaßen (mit ganzzahligen Vielfachen von *h*) „wirkungsgesättigt" erhöhen, wenn man die Energie *eines* Photons so anregen will, dass es *ein* Elektron aus einer Metallplatte herausschlagen kann (etwa). Denn diese Energie tritt eben tatsächlich *gequantelt* auf – wird also in diskreten Wirkungseinheiten von Plancks *h* übergeben, durch die jeweilige Frequenz der *einzelnen* Quanten, nicht durch Erhöhung der Lichtmenge.

So vermeidet man nicht nur die Ultraviolett-Katastrophe der klassischen Kontinuitätsphysik in der Theorie, sondern hat auch gleichzeitig die Quantelung der Energie in der Wirklichkeit beschrieben. Man hat verstanden, wie Energiewirkungen mit dem Wirkungsquantum und der Frequenz zusammenhängen. Smolin beschreibt das in einem sehr schön memorablen Bild:

„Die Energie, die ein Photon einem Elektron mitteilt, ist wie eine atomare Kaution: Sie befreit das Elektron und gestattet ihm, sich frei vom Metall zu bewegen. Aber die Kaution ist auf einen bestimmten Betrag festgesetzt."

Kann er nicht aufgebracht werden, kommt das Elektron aus seinem Gefängnis, dem Metall, nicht frei:

„Photonen, die zu wenig Energie aufweisen, haben keinen Effekt. Wenn das Elektron entkommen soll, muss es seine Energie von einem einzelnen Photon aufnehmen."[2]

Es kann also nicht beliebig kleine (differentiale) Zuwächse aufnehmen, wie wir das aus Kontinuitätsprämissen der

---

[2] *Quantenwelt:*109.

klassischen Physik wohl ableiten könnten. Nein, rotes oder weißes Licht reicht nicht aus, „(...) um einen elektrischen Strom zustande zu bringen, aber selbst wenige Photonen von blauem Licht setzen einige Elektronen frei, weil jedes Photon genügend Energie beinhaltet, um ein Elektron loszukaufen."

Der *gequantelte* photoelektrische Effekt war entdeckt.[3] Fortan ging die weitere Interpretation des Photons – so schön Maxwells Wellentheorie des Lichts auch war – nicht mehr ohne Teilchen ab. „Denn wenn Maxwell recht hätte, würde die Energie, die eine Welle einem Elektron mitteilt, mit der Intensität zunehmen, was die Experimente gerade nicht feststellten."[4]

Eine *komplett* realistische *Welle-Teilchen-Dualität,* die *auch für Fermionen* gilt, gab es dann allerdings erst mit de Broglies Idee von Teilchen *plus* Führungswelle vorausgesagt für das *Elektron* – in de Broglies Doktorarbeit von 1924, die Einstein offenbar umgehend Max Born zum Lesen empfohlen hatte.

Die US-amerikanischen Experimentalphysiker Clinton Davisson und Lester Germer entdeckten (1925) eher zufällig, dass Elektronen an Oberflächen von Metallen gestreut werden – in diesem Zusammenhang sahen sie *Interferenzmuster.* Sie konnten die Bedeutung – im Rahmen des Welle-Teilchen-Dualismus – aber offenbar nicht adäquat interpretieren. Davisson hörte indessen (1926) zufällig einen Vortrag von Max Born. Born referierte in diesem Vortrag auf de Broglies Materiewellen und nahm dabei auf Davissons Interferenz-Abbildungen Bezug: „Als Davisson zurückkehrte, gingen er und Germer ins Labor und konnten endgültig bestätigen, dass Elektronen gebeugt werden, genau wie de Broglie vorhergesagt hatte."[5]

---

[3]Der photoelektrische Effekt wurde zwar schon im Jahr 1887 von Wilhelm Hallwachs und Heinrich Hertz beobachtet, aber natürlich nicht im Zusammenhang der Quantelung der Energie.

[4] *Quantenwelt:*110.

[5] *Quantenwelt:*123.

Was nun noch fehlte, war eine möglichst elegante Gleichung, wie Elektronenwellen sich im Raum bewegen. Erwin Schrödinger hörte in einem Kolloquium von Peter Debye (als der begeistert über de Broglies Materie-Wellen-Hypothese sprach) von diesen theoretischen wie experimentellen Neuigkeiten. Schrödinger war wohl eine Weile ratlos (ebenso wie Einstein übrigens, obwohl der die Welle-Teilchen-Dualität ja – am Beispiel der Photonen – sogar als Erster entdeckt hatte), las aber schließlich de Broglies Aufsätze noch einmal gründlich und legte zwei Tage später die „Grundgleichung der Quantentheorie" vor – die *Schrödinger*-Gleichung.

Interessant ist sicherlich, dass Schrödinger zu Beginn dachte, dass das Elektron einfach eine Welle *sei* – was sich aber nicht aufrechterhalten ließ, „weil man leicht zeigen konnte, dass die Welle sich zwar während ihrer Bewegung im Raum ausbreitete, man jedoch immer ein lokalisiertes Teilchen finden konnte."[6]

Born schlug dann in seiner statistischen Hypothese *(Regel 2)* vor, dass die Welle mit der Aufenthaltswahrscheinlichkeit der Teilchenposition verknüpft sein sollte. Aber mehr wollte er – wie auch alle anderen Instrumentalisten/Operationalisten aus Göttingen und Kopenhagen – nicht über die Welle bzw. die Wellenfunktion sagen, insbesondere nicht, dass wir sie zusätzlich (zur Interpretation als Berechnungsmethode) auch noch als real betrachten müssten.

Nun stammte die ursprüngliche Idee des *Prinzips* der Welle-Teilchen-Dualität zwar von Einstein, aber der wollte sie zu Anfang nur als Verfassung des Lichts betrachten.

---

[6] *Quantenwelt:*124, Die Gleichung für ein einzelnes Elektron, das ein Proton umkreist, also für das Wasserstoffatom, löste er dann offenbar erst mit Hermann Weyls Hilfe. Die beiden waren bekanntermaßen beste Freunde. Damit „reproduzierte er Bohrs Theorie stationärer Zustände" und dessen „Vorhersage des Wasserstoffspektrums".

Für Materiewellen hatte er – wie wohl die meisten Physiker:innen seinerzeit – einfach keine Intuition parat. Anders gesagt, auch die Realisten mussten sich erst einmal an die Vorstellung von *Materie*wellen gewöhnen.

Die Konsequenzen dieser Dualität – in den folgenden Fragestellungen dazu – waren dann allerdings erdbebenartig: Die Frage lautete offenbar nicht mehr einfach „Wie kann Licht sowohl Teilchen als auch Welle sein?", sondern für die *gesamte* Materie: „Wie kann alles sowohl Teilchen als auch Welle sein?"

3.2   Die Reaktion der Göttinger und Kopenhagener

Niels Bohr hatte sich seinerzeit am radikalsten gegen diesen komplexen Realismus gesträubt. Er hat die materielle Wirklichkeit in seinem quasiklassischen Operationalismus[7] bekanntlich *ganz und gar* in unsere subjektive *Betrachtungsweise* verlegt. Er war der Meinung, dass *weder* Teilchen *noch* Welle Attribute der Natur sein könnten, sondern ausschließlich Vorstellungen, „die wir der natürlichen Welt aufzwängen." Er interpretierte die Welle-Teilchen-Dualität als intersubjektive „Komplementarität" *unserer Anschauung* – in seiner Beharrlichkeit sicherlich nicht von ungefähr an Kant (in Bezug auf dessen antirealistische Behandlung des „Dings an sich") erinnernd.

Hatte Max Born sich gewissermaßen nur der Stimme enthalten, ob seine Wahrscheinlichkeitsregel (die ja als Dichte-Ausdruck für die *mögliche* Verteilung von Teilchenorten aufgestellt wurde) außerdem noch einen Realitätsbezug per realer Welle besitzen sollte, ergriff Bohr die Gelegenheit, die

---

[7]Zu dem er sich ja auch ganz offen bekannte: „Wer die Quantenmechanik nicht verrückt findet, der hat sie nicht verstanden."

komplexe Realität der Welle-Teilchen-Dualität in einem radikalen Antirealismus von Anschauungskomplementarität zu versenken. Smolin fasst die Konsequenzen des Bohr'schen Komplementaritätssubjektivismus und der daraus folgenden Degradierung der gesamten realistischen Naturwissenschaften so zusammen:

„Bohr zufolge bezieht sich die Naturwissenschaft nicht auf die Natur. Sie gibt uns kein objektives Bild davon, wie die Natur beschaffen ist (...). Das wäre unmöglich, weil wir mit der Natur nie direkt interagieren."[8]

Wir gewinnen Erkenntnisse über die Natur nur durch Experimentier- bzw. Messgeräte und sollten uns deshalb aus Bohrs Sicht von der „Illusion" verabschieden, dass die Naturwissenschaft eine objektive Beschreibung der materiellen Wirklichkeit geben könne oder auch nur *irgendetwas* darüber zu sagen habe „wie die Natur beschaffen ist, wenn wir von unserer Existenz und unseren Interventionen absehen." Nur der letzte Halbsatz mit „unserer Existenz und unseren Interventionen" verhindert hier übrigens einen kompletten Solipsismus (denn unsere Existenz und unsere Eingriffe werden immerhin nicht angezweifelt). Der folgende Satz charakterisiert dann noch einmal ganz deutlich seinen radikalen Operationalismus: „Die Naturwissenschaft ist vielmehr die Erweiterung einer gebräuchlichen Sprache, die wir verwenden, um uns gegenseitig die Ergebnisse unserer Eingriffe in die Natur zu beschreiben."

Ich nehme an, dass Smolin hier im Wesentlichen auf Bohrs Buch *Atomphysik und die menschliche Erkenntnis* rekurriert – bin mir aber nicht ganz sicher, denn Bohr ist mit seinen diesbezüglichen Bemerkungen sehr redundant umgegangen. In diesem Buch können wir jedenfalls sehr schön sehen, dass Bohr auch an Einstein lediglich den konventionalistischen Beobachter-Relativismus schätzt und ihn wohl

---

[8] *Quantenwelt:* 127.

auch als operational erlaubte Beobachter-Epistemologie gleichberechtigter Relativ-Beschreibungen für unterschiedliche Perspektiven deutet. Für Bohr liegt in diesem Kontext die große Bedeutung der Relativitätstheorie darin, dass Einstein sich in dieser Arbeit frei gemacht habe von „Anschaulichkeitsforderungen", indem wir in der Relativitätstheorie gelernt hätten, dass „die Zweckmäßigkeit der scharfen, von unseren Sinnen geforderten Trennung von Raum und Zeit" nur darauf beruhe, dass die nicht relativistischen Geschwindigkeiten gegenüber der Lichtgeschwindigkeit klein sind.

Das kann man zwar so formulieren, wenn man möchte, aber wohl kaum für einen Angriff auf Anschaulichkeitsforderungen verwenden, wie er das hier tut. Etwas ungnädiger ausgedrückt: Das eine hat doch mit dem anderen gar nichts zu tun – Anschaulichkeit kann ich (insbesondere im Dienste des Realismus) völlig unabhängig von beliebiger theoretischer Strukturierung durch Raumzeit-Relativismus fordern.

Bohr fährt fort, man könne vergleichbar sagen, dass Plancks Entdeckung uns gelehrt habe, dass „die Zweckmäßigkeit unserer durch die Kausalitätsforderung gekennzeichneten Einstellung bedingt ist, durch die Kleinheit des Wirkungsquantums im Verhältnis zu den Wirkungen, mit denen wir es bei den gewöhnlichen Erscheinungen zu tun haben." Hier gilt dasselbe: Eine Kausalitätsforderung kann man unabhängig davon stellen, ob man *in Experimenten* etwa auf statistische Erhebungen reduziert ist. Anders gesagt, nichts zwingt den Realismus – auf welcher Größen-Skala auch immer – von seiner Kausalitätsvoraussetzung (im Zusammenhang des unvermeidlichen Zeitpfeils der physikalischen Prozesse) abzulassen.

Bohr findet aber eben: „Während wir in der Relativitätstheorie an den subjektiven, vom Standpunkt des Beobachters wesentlich abhängigen Charakter aller physikalischen Erscheinungen erinnert werden, zwingt uns die von der Quantentheorie klargelegte Zusammenkettung der Atomerscheinungen und ihrer

Beobachtung bei der Anwendung unserer Ausdrucksmittel, eine
ähnliche Vorsicht zu üben wie bei psychologischen Problemen,
wo uns fortwährend die Schwierigkeit einer Abgrenzung des objektiven Inhalts entgegentritt."[9]

Ich würde dazu sagen: Bohr redet hier wie so oft Probleme auf *epistemologischer* Ebene herbei, die eigentlich nur
von Antirealist:innen als *echte* Probleme in der materiellen
Wirklichkeit gedeutet werden.

Diese sicherlich *erkenntnistheoretisch* eingekleideten Bemerkungen scheinen nichtsdestoweniger einen fast *norma-
tiven Impetus* zu transportieren bzw. eine Aufforderung doch
besser zum operationalistischen Idealismus überzugehen,
wenn man epistemologisch nicht naiv sein wolle. Diese idealistischen Inhalte sind vom philosophischen Subjektivismus
des Wiener Kreises ebenso begierig aufgenommen worden
wie der anhängende methodologische Normativismus. Vom
„Sublimitäts"-Jargon der Kopenhagener *und* der Wiener gar
nicht zu reden – antirealistische Unschärfe wird hier gerne
als philosophische Tiefe angeboten.

Werner Heisenbergs Antirealismus bestand (etwas anders
gefärbt, weniger mystizistisch, aber in der Sache d'accord) in
einer Eingrenzung bzw. Limitierung der Physik auf Beob-
achtbares. Auch er behauptete, dass die Physik nicht beschreibt, was existiert, sondern lediglich *Beobachtungsrei-
hen* des Existierenden liefert. Ein solches Statement stellt
aber natürlich ebenfalls einen resignativen Rückzug auf
(Beobachtungs-)Subjektivismus dar, der intersubjektiv vorausgesetzt wurde.

Bei größeren Objekten hätten wir uns daran gewöhnt, Beobachtung und Existenz miteinander zu verwechseln. Wenn
wir dagegen der Atomphysik einen Sinn abgewinnen wollten, sollten wir uns tunlichst nach der Maxime richten, „dass

---

[9] Niels Bohr, *Atomphysik und die menschliche Erkenntnis,* Springer, 1985:9.

die Naturwissenschaft sich nur auf das beziehen kann, was beobachtbar ist."

Das wurde in der Philosophie (wie erwähnt) zum absoluten Credo der logischen Empiristen um Rudolf Carnap (die aus dem „Mach-Verein" bzw. ihrem Nachfolger, dem sogenannten „Wiener Kreis", hervorgingen). Da gab es nur die angeblich „unmittelbare" Beobachtung – von der aus man dann induktiv (also deduktiv *unschlüssig*) verallgemeinern durfte. Diese Missachtung bzw. Verurteilung fallibler, aber kritischer metaphysischer Annahmen, die teilweise auch als völlig unbewusste allgemeine Erkenntniserwartungen, jedenfalls aber biologisch unvermeidbar hinter all unseren Beobachtungen stehen, ist all diesen Ansätzen gemeinsam.

Anders gesagt, es fehlt die Einsicht in die Unschlüssigkeit der „empiristischen Induktion" als Schluss-Methode (denn hier wird vom Besonderen aufs Allgemeine geschlossen). Das sollte nicht verwechselt werden mit der mathematischen Induktion, die *deduktiv* gültig ist, weil – in ihrer Allprämisse – letztlich korrekt vom Allgemeinen auf ein äquivalent Allgemeines geschlossen wird: „Für *alle* natürlichen Zahlen gilt, dass sie einen Nachfolger haben." Nur die Schrittfolge des Beweises ist gewissermaßen quasiinduktiv bzw. (allgemein) abstrakt aufzählend. Wo aber auch nur *eine* Allprämisse als notwendige Prämisse vorausgesetzt wird, ist der Schluss als Ganzes natürlich deduktiv und damit korrekt.

Heisenberg behauptete (wie wir bei Smolin lesen), dass es „sinnlos" sei, „davon zu sprechen, wie sich das Elektron innerhalb des Atoms bewegt, wenn diese Bewegung keine Folgen hat, die großmaßstäbliche Messgeräte beeinflussen kann."[10] Das wurde ebenfalls sowohl inhaltlich als auch im Jargon nahtlos in die Philosophie des logischen Empirismus übernommen. Fortan wurden alle metaphysischen Aussagen (also alle allgemeinen hypothetischen Aussagen über beliebige Objekte,

---

[10] *Quantenwelt:* 129.

die nicht bzw. noch nicht beobachtet werden konnten) als „sinnlos" denunziert, also genau genommen *alle* allgemeinen Annahmen – dann auch zu Quantensystemen natürlich.

Damit wurde genau genommen die gesamte Metaphysik stillgelegt, die wir aber für allgemeine Hypothesen – als Prämissen für beliebige individuelle Vorhersagen/Vermutungen – ständig in den Naturwissenschaften verwenden. Niemand kommt ohne metaphysische Annahmen aus. Sämtliche Naturgesetze *sind* ja bspw. Allaussagen. Letztere sind natürlich keine *rein* metaphysischen Allannahmen mehr, weil sie in einer Form aufgestellt werden, die *prinzipielle Überprüfbarkeit* (Falsifizierbarkeit) garantiert. Das ist Karl Poppers – vor allem in den Naturwissenschaften selbst – immer noch gut dastehendes Kriterium für Wissenschaftlichkeit.

Klar dürfte sein: Wir können allgemeine Annahmen nicht induktiv durch Verallgemeinerung rechtfertigen, weil die Induktion logisch nicht schließt und deshalb zwangsläufig inakzeptable empirische Unterbestimmtheit und Unvollständigkeit liefert.

Bei der deduktiven Ableitung können wir zwar ebenfalls nie sicher sein, wie viele der besonderen Sätze – die wir aus einer Allbehauptung ableiten können – wir tatsächlich überprüft haben, denn wir kennen die Folgerungsmenge natürlich nie in ihrer Gesamtheit. Aber wenn man auf den orthodoxen Rationalismus mit seinem dogmatischen Sicherheitsanspruch in seinen Axiomen verzichtet, landet man wesentlich ungefährlicher im hypothetischen bzw. kritischen Rationalismus/Realismus. Denn hier können wir die Theorien – aus denen die besonderen Konklusionen (als besondere Wirklichkeitsbehauptungen) folgen – prinzipiell jederzeit (also unlimitiert) *falsifikativ* (weiter) überprüfen.

Wir halten fest: Die Menge der *möglichen* deduktiven Ableitungen (aus einer beliebigen Allaussage) zeigt sich nie vollständig – denn sie ist (potentiell) schlicht unendlich. Und was sich zeigt, zeigt sich gewöhnlich verschleppt über eine lange Zeit. Wenn sich also einige Ableitungen über Wirklichkeitsbeobachtung (im Feld oder im Experiment) im Rahmen reproduzierbarer (bzw. relativ unproblematischer) Stützung *bewährt* haben, heißt das nicht, dass keine weiteren Ableitungen auf uns warten, die dann später noch zu einer Falsifikation der Theorie führen können (weil wir betroffene Wirklichkeitsbereiche später etwa besser beobachten oder experimentieren können). Deshalb vermeiden die kritischen Rationalist:innen in der Regel den Begriff der „Bestätigung" von Theorien – sie reden lieber von vorläufiger Stützung bzw. Bewährung im Zusammenhang misslungener Falsifikationsversuche.

Auch alle Naturgesetze bleiben also (streng logisch) immer hypothetisch. Das ist für Sicherheitsfanatiker (sei es im logischen Empirismus oder im orthodoxen Rationalismus) erfahrungsgemäß ganz schrecklich. Sie mögen nicht in dieser – allerdings unvermeidbaren – Unsicherheit leben. Kritische Realist:innen beziehen aus diesem prinzipiellen Hypothesenstatus allgemeiner Aussagen dagegen methodologisch normativ, dass wir angehalten sein sollten, unsere Überprüfungen nicht an irgendeinem Punkt der Untersuchung gewissermaßen per Dekret einzustellen, denn es kann sich jederzeit noch eine weitere Prüfsituation ergeben – und bei einer *gelungenen* Falsifikation dann eben ein neuer selektiver Erkenntnisgewinn.

Die Physiker:innen der Loop Quantum Cosmology haben in einem solchen Kontext z. B. sogar die bislang experimentell gut gestützte allgemeine Annahme, dass Naturkonstanten im Zeitpfeil unveränderlich sind, in Frage gestellt, weil sie ein geeignetes Feintuning der bisherigen Experimente/Beobachtungen bezweifeln. Leider war hier eine sich durchaus als möglich andeutende Falsifikation der Unveränderlichkeitsthese so sensibel, dass man sie sicherheitshalber lieber erst einmal dem Fehlerbereich zugeschlagen bzw. vorläufig als unentscheidbar betrachtet hat.[11]

Wir haben nichts Besseres als diese – häufig allerdings gut reproduzierbaren – Prüfungsmöglichkeiten bezüglich der Konklusionen, die wir aus allgemeinen Vermutungen (plus besonderer Anfangs- und Randbedingungen) ableiten. Wenn wir uns die rasante Entwicklung der Naturwissenschaften ansehen, scheinen die allerdings im Mittel so schlecht nicht zu sein. Denn sie wurden alle im Wechselspiel allgemeiner Hypothesen und strenger Überprüfungen ihrer besonderen Ableitungen entwickelt – und als Folge davon immer weiter verbessert, sofern sie *nicht* (stabil) falsifiziert wurden.

Insbesondere aber sind sie nicht durch sogenannte „un*mittel*bare" Beobachtungen – im Modus einer graduellen „induktivistischen Bewahrheitung" etwa – zu ersetzen. Und zwar, weil es Letztere einfach nicht gibt. Hinter all unseren Beobachtungen liegt (im Rahmen jeder Gehirntätigkeit) ein allgemeiner Vermutungs- bzw. Vorurteilsrahmen als *immer möglicher* epistemischer Verfälschungseffekt.

Dem letzten Satz würden Bohr und Heisenberg sicherlich freudig zustimmen. Sie sind indessen (ebenso wie Kant) *zusätzlich* der Auffassung, dass diese Erkenntnisrahmen *unkorrigierbar* seien. Von dieser Annahme aus führt der Weg dann stracks in den Antirealismus. Wenn man allerdings einsieht, dass dieses Vorurteil der „Unkorrigierbarkeit" wie auch jedes andere Vorurteil korrigierbar *ist*, vielleicht durch einen weniger verängstigten Blick auf die Realität, die uns ja auch außerhalb der Messinstrumente überall umgibt, kommt man fast übergangslos zu ganz anderen Ergebnissen.

Unsere Vorurteile, Hypothesen, allgemeinen Erwartungen, Theorien (was logisch alles dasselbe ist) werden

---

[11]Dazu ausführlich mein Buch, *Die Fälschung des Realismus* Springer (2016) 2019.

insbesondere in den Naturwissenschaften *ständig überprüft.* Und das geschieht eben nicht wie bei den Antirealisten durch induktivistische Bestätigungsillusionen (also anscheinend „verifikativ"), sondern logisch wie empirisch korrekt *nur über Falsifikationen* falscher allgemeiner Annahmen in Konjunktion mit Anfangsbedingungen/Randbedingungen (in einer Art negativer Auslese).

Der wissenschaftliche Erfolg dieser Methode ist – man kann es nicht oft genug betonen – der Asymmetrie zwischen Verifikation und Falsifikation zu verdanken. Bei Letzterer benötigen wir nur die Falsifikation *einer* besonderen Ableitung, die in der Wirklichkeit *nicht* festgestellt werden konnte, dann ist die ganze Theorie, aus der diese Ableitung stammt, als *unstimmig* identifiziert – indem zwar nicht gezeigt wurde, *welche,* aber *dass wenigstens eine* ihrer Prämissen aus logischen Gründen falsch sein muss. Denn aus lauter wahren Prämissen kann keine falsche Konklusion folgen. Das ist die metalogische Begründung. Empirisch kann man den Erfolg dieser Methode allerdings auch auf das gesamte evolutionäre Verhalten der Lebewesen abbilden, nämlich auf die erfolgreiche negative Auslese der biologisch universellen Methode von *Versuch und Irrtum.*

Die positivistischen Empiristen können dagegen weder logisch noch empirisch schlüssig angeben, bei welcher Anzahl von Beobachtungen ihr Bestätigungsvorgang gewissermaßen gesättigt sein soll (besonders irritierend für Philosophen, die sich ja explizit *logische Empiristen* genannt haben) – eben weil Verallgemeinerungen vom Besonderen aufs Allgemeine unschlüssig sind. Das heißt, sie sind logisch ungültig *und* empirisch implausibel, weil ihre Beispiele für besondere „Bestätigungen" wenn schon nicht falsch, dann zwangsläufig unvollständig sein müssen.

Dieses Problem taucht im Falsifikationismus nicht auf, denn dem Falsifikationismus genügt als fruchtbarer Erkenntnisgewinn eben *eine einzige besondere Prognose,* die sich experimentell oder im Feld *nicht* bewährt, als signifikante Kennzeichnung der Problematik dieser Theorie. Denn diese Prognose ist ja als Konklusion aus allgemeinen Annahmen plus Anfangsbedingungen und/oder Randbedingungen (also aus einer kompletten Theorie etwa) abgeleitet worden.

Das sind die Gründe dafür, warum Realist:innen nicht an „un*mittel*bare" Beobachtungen glauben – und in diesem Kontext eben auch nicht an die logisch unschlüssige und empirisch implausible Beobachtungsinduktion. Denn wir benötigen überall das *Mittel* einer theoretisch kompletten, also *allgemeinen* Hypothese oder Klassifizierung (plus der Nennung der jeweils aktualen bzw. besonderen Bedingungen) als Verständnis-Hintergrund für *jede* Beobachtung.

Das gilt dann im Übrigen auch für die jeweilige Konklusion = *überprüfende* Beobachtung im Feld oder im Experiment. Denn auch diese Prüf-Beobachtungen stehen oder fallen wiederum mit *ihren* allgemeinen Hypothesen plus aktualer Annahmen (die gewöhnlich recht unbewusst im Hintergrund bleiben – und die man *falsifikative Prämissen* nennt). Die können nämlich ebenso falsch sein wie die Prämissen der Theorie (die überprüft werden soll), also gegebenenfalls ebenso bezweifelt und kritisiert werden. Deshalb nennt man Falsifikationen „bedingte Widerlegungen", sie können – unter den geschilderten Bedingungen eben – selbst angegriffen werden. Anders gesagt, der kritische Rationalismus/Realismus ist vollständig selbst anwendbar (ein logischer Zirkel taucht nirgendwo auf).

Wenn man sich klarmacht, dass das *unschlüssige* Beobachtungsvorgehen der philosophischen Induktivisten nahezu direkt aus dem Setting seltsamster *Messungssolipsismen* der Kopenhagener und Göttinger – verbunden mit der Denunziation aller anderen Erkenntnismethoden als „sinnlos" – bezogen wurde, muss man sich auch nicht wirklich über die adaptiven Sinnlosigkeitsdenunziationen in den Argumentationen der nachfolgenden antirealistischen

Philosophie wundern (gleichgültig ob die nun induktivistisch oder strukturdeduktivistisch formuliert war).

3.3   Instrumentalismus und Operationalismus

Um eine Diskussion über mögliche Bahnen oder sonstige Bewegungen von Teilchen zu vermeiden, reduzierte Bohr das Geschehen im Atom auf *stationäre* Zustände[12] – es sei denn, es fände gerade ein Quantensprung des Elektrons durch eine Photonenanregung statt. Denn in einem solchen Fall kann ein Spektroskop entsprechende Energie*änderungen* messen. Das war für ihn wie für Heisenberg das einzige, was relevant sein sollte. So war es für beide „sinnlos" zu fragen, was das Elektron ansonsten in einem stationären Zustand des Atoms macht bzw. welche Bahnentwicklung oder welche Wellenbewegung da wohl stattfände. Interessant war für die beiden dabei vorrangig, dass man die Energie eines Elektrons auf diese Art nicht als messungs*unabhängige* Eigenschaft behandeln musste.

Ganz in diesem Kontext hat Sabine Hossenfelder kürzlich (in einem ihrer YouTube-Videos) davon geredet, dass es *keine Energie an sich* gäbe, sondern immer nur Energie*änderungen,* denn nur die könnten wir ja messen. Als ob Letzteres eine Begründung dafür sein könnte, dass man keine Energie an sich voraussetzen dürfe. Dieser krude Antirealismus stammt natürlich direkt von Bohr. Es ist sogar haargenau dasselbe Argument. Sie bezeichnet sich in diesem Kontext (und auch in einer Video-Diskussion mit Smolin etwa) stolz als Instrumentalistin. Das trifft es allerdings

---

[12]Der Hamilton-Operator $\hat{H}$ wird bei diesen Zuständen als unabhängig von t interpretiert – eine Idealisierung, bei der sich im Zeitverlauf nichts ändern soll. Sie wurde sowohl von Bohr als auch von Heisenberg für unproblematisch gehalten.

nicht ganz, denn Instrumentalist:innen betrachten Theorien nicht als wahrheits- oder falschheitsfähig, sondern eben nur als Erkenntnisinstrumente in einem recht vage formulierten normativ-methodologischen Epistemologie-Bereich. Sie sind aber durchaus der Meinung, dass die Dinge in unserer Welt eigene Eigenschaften besitzen können – auch ohne Messung. Treffender hätte sie sich deshalb als radikale Operationalistin bezeichnen können, denn sie will ja genau wie Bohr nur messungsabhängige Wirklichkeit zugeben.

Außerdem sollte man wissen: Mit dieser Reduzierung von Energie auf eine bloße „Mess-Interaktions-Existenz" wird der Realismus von $E = mc^2$ angegriffen – also die *Identität* von Masse und Energie. Damit wird aber eben nicht nur, wie sie es wohl vorhatte, Energie an sich, sondern – in einer Art logischem Unfall – *implikativ* auch Masse als unabhängig existierende Eigenschaft aller Materie bestritten. Die wiederum hatte sie bei anderer Gelegenheit aber implikativ vorausgesetzt. Sinngemäß: Es existiere keine reine Energie – Energie sei immer nur Energie von etwas, also bloß abgeleitet. Aber was sollte dieses Etwas wohl sein, wenn nicht die Energie der Materie in deren Erscheinungsform von Masse eben.

Heisenberg trieb den Antirealismus derartiger Überlegungen in seiner Interpretation der QM seinerzeit schon ganz ähnlich dadurch voran, dass er nicht mehr gezwungen sein wollte, die Energie des Elektrons mit nur einer Zahl zu beschreiben, „weil das bedeuten würde zu behaupten, die Energie sei eine Eigenschaft des Atoms allein."

Für die Physik relevant war seiner Meinung nach aber eben nur, „welcher Aspekt der Energie ein Messgerät beeinflusst. Das sind die Energien, die mit den Photonen verknüpft sind, die die Atome absorbieren oder abgeben, wenn die Elektronen zwischen den Energieniveaus hin und her springen. Es sind die

Unterschiede zwischen den Energien in den verschiedenen stationären Zuständen."[13]

Es sollte also genau wie bei Bohr nur um die Energieun-
terschiede nach jeweiligen Quantensprüngen gehen. Dafür
hatte Heisenberg die Matrizendarstellung der *QM* entwickelt, um von vornherein über eine antirealistische Beobach-
tungsbeschreibung (einzelner stationärer Zustände) in der
QM zu verfügen. Die war nun zwar *logisch* äquivalent zur
Schrödinger-Gleichung (wie *Schrödinger* übrigens später beweisen konnte), aber ihre interpretative Intention war ganz
klar die, intrinsische Eigenschaften zu vermeiden. Schrödinger wollte das ganze Gegenteil, indem er seinen Schwerpunkt auf die jederzeit als *real* verstandene Wellenfunktion
als Lösung seiner Gleichung legte – sogar das Teilchen betrachtete er übrigens (auch später noch) lieber als winziges
Wellen*paket*.[14]

Bei den neueren Realisten hat von allem Roderich Tumulka diesen Wellenansatz (mitsamt Wellenpaket als *Ersatz*
für das Teilchen) auf sehr fruchtbare Weise weiterentwickelt
und vertieft.

Smolin erwähnt hier (vermutlich aus didaktischen Gründen) mit keinem Wort, dass er die Heisenberg'sche Matrizenmechanik beschreibt – wo er sie beschreibt. Und das ist
organisch, denn Heisenberg hatte das Ganze zunächst selbst
nur recht unscharf als „Tabellenkalkulation" betrachtet.

Heisenberg stellte sich vor, „dass solche Tabellen beobacht-
bare Aspekte anderer Größen wie beispielsweise der Position und
des Impulses des Elektrons repräsentieren könnten."[15] Als er
feststellte, dass seine „Tabellen"-Berechnungen *nicht* kommutativ waren, zeigte er sich zunächst höchst irritiert.

---

[13] *Quantenwelt:*129.

[14] In einem großartigen Vortrag von 1952 (YouTube-Video): https://www.youtu-
be.com/watch?v=hPyUFbKRwq0. Die enge Korpuskular-Vorstellung seiner Zeit
fand dabei seine ganz besondere Kritik.

[15] *Quantenwelt:*129–130.

Zurückgekehrt von Helgoland (wo er seine Idee entwickelt hatte) nach Göttingen, versicherten ihm seine Kollegen Max Born und Pascual Jordan (die selbst schon auf dem Weg zu einer neuen Theorie waren) dann allerdings, dass das Nichtkommutative seine Ordnung habe, denn den Mathematikern waren seine Zahlentabellen als Matrizen bekannt, in denen die Reihenfolge der Berechnungen *eine Rolle spielt,* was man später sehr schön auf die Reihenfolgen-Sensibilität der Messungen an Quantensystemen abbilden konnte.

Heisenberg, Born und Jordan arbeiteten gemeinsam die Version der Quantenmechanik aus, die 1926 in der „Zeitschrift für Physik" erschien. Es war eine Matrizenmechanik, in der Bahnen oder Umlaufzeiten der Elektronen in Atomen nicht vorkamen, und in Wellenform schon gar nicht.

Schrödinger hatte seine Gleichung 1925 entwickelt und 1926 als Lösung eine Wellenfunktion angegeben, die *genau das beschreibt,* nämlich wie Elektronenwege bzw. Wellen sich im Raum und in der Zeit entwickeln. Unterschiedlicher konnten Interpretationen des Welle-Teilchen-Dualismus nicht sein. Als Wirklichkeitsbeschreibung konnte und sollte aber bekanntlich nur Schrödingers Wellenmechanik gelten.

Smolin weist darauf hin, dass die Entwicklung des Matrizenansatzes (schon vom Personal her) sehr vielgestaltig war. Aber so unterschiedlich dieser Ansatz auch behandelt wurde, die „Matrizenmechaniker um 1927" stellten ihn allesamt in der antirealistischen Interpretation vor, wie sie ihnen von Bohr an die Hand gegeben wurde. Als einzige Verweigerer dieser Ideologie nennt Smolin hier die Verteidiger des Realismus der Welle-Teilchen-*Dualität:* Einstein, de Broglie und Schrödinger:

„Aber sobald es bewiesen war, dass Schrödingers Wellenmechanik zu Heisenbergs Matrizenmechanik äquivalent war, konnte man die Realisten als Leute abweisen, die stur an alten metaphysischen Phantasien festhielten, und sie ignorieren."[16]

Nun, wie wir wissen, haben sie nicht einmal diesen Beweis selbst gegeben – er stammt von Schrödinger.

Heisenberg war der Meinung, dass Unschärfe eng mit der idealistischen (Bohr'schen) Komplementarität verknüpft sei – also eben der Meinung, man könne überhaupt nicht sinnvoll von beobachtungsunabhängigen Teilchen oder Wellen reden, weil man ihre Eigenschaften (Impuls und Ort) ja nie *gleichzeitig scharf stellen* kann in der jeweiligen Beobachtung. Und dies habe zur Folge, dass die Naturgesetze, die in der *QM* formuliert werden, nicht von Elementarteilchen handeln, sondern (in der epistemologischen Schnittmenge mit Bohr) von unserer Kenntnis makroskopischer Beobachtungsanzeigen (Zeiger von Messgeräten), die wir selbst konstruiert haben und operativ benutzen.

Die Frage, ob diese Teilchen „an sich" in Raum und Zeit existierten, könne von hier aus nicht mehr sinnvoll gestellt werden. Und so handele es sich eigentlich „nicht mehr um ein Bild der Natur, sondern um ein Bild unserer Beziehungen zur Natur". In diesem Zusammenhang wird von Heisenberg vorausgesetzt, dass die wissenschaftliche Methode selbst den Untersuchungsgegenstand durch den operativen Zugriff derartig verändere und umgestalte, dass sich die Untersuchungsmethode gar nicht mehr vom Gegenstand distanzieren lasse.

Ja, wenn man es sich so *einrichtet,* dann ist das wohl so, dass man einen derartigen Subjektivismus ganz ohne Not adoptiert, könnte man dazu sagen. Aber wir – die Realist:innen – sind glücklicherweise nicht zu einer derartig vorsätzlichen Ignoranz gezwungen, denn wir haben natürlich Mittel, resultatsverfälschende Eingriffswirkungen aus unseren Experimenten *herauszurechnen,* weil wir sie häufig genug auch

---

[16] *Quantenwelt:*134.

quantitativ genau angeben können. Diese Mittel hätten die Antirealist:innen natürlich auch – sie *wollen* sie aber anscheinend nicht nutzen.

Smolin zitiert dann noch einmal Bohrs Standpunkt, der in der Tat wohl als noch radikaler und wohl auch als noch *wissenschaftsdenuziatorischer* eingeschätzt werden muss als der Heisenbergs. Geht es nach Bohr,

„kann eine unabhängige Wirklichkeit im gewöhnlichen physikalischen Sinne [...] weder den Phänomenen noch den Beobachtungsmitteln zugeschrieben werden. [...] Eine vollständige Erhellung ein und desselben Gegenstands erfordert wohl unterschiedliche Gesichtspunkte, die eine einzige Beschreibung infrage stellen. Tatsächlich steht die bewusste Analyse jedes Begriffs in einem Ausschließungsverhältnis zu seiner unmittelbaren Anwendung."[17]

Man merkt hier, Bohr möchte die *QM* ähnlich beobachterrelativ behandeln, wie es Einstein mit der Kosmologie getan hat. Einstein wusste allerdings, *was* an seinem Beobachterrelativismus konventionalistisch war *und was nicht* – nämlich auf keinen Fall (die auch beobachterunabhängig) zeitlich unterschiedlichen Gangarten unterschiedlich beschleunigter Uhren. Bohr dagegen hat keinen Unterschied zwischen der (notwendig) emergenten Beschreibung in der Relativitätstheorie und der fundamentalen Beschreibung in der *QM* gesehen. In der benötigen wir nämlich gar keine konventionelle Relativität. Man darf Letztere deshalb nicht mit der objektiven, kausalen *Relationalität* der Energie-Impuls-Evolution im Zeitpfeil verwechseln.

Smolin schreibt, dass der Antirealismus der Kopenhagener einzige Lehrversion der Quantentheorie für die

---

[17]Zitiert aus: Niels Bohr (1934): Nach Max Jammer, *The Philosophy of Quantum Mechanics,* New York, John Wiley and Son, 1974:102.

folgenden 50 Jahre bleiben sollte.[18] Und diese Lehrversion ist eben *erkenntnistheoretischer* Relativismus pur. Im letzten Satz von Bohr (oben) wird nämlich in irritationsloser und genau besehen auch *irrationalistischer* Manier ausgeschlossen, dass man Anwendungen, also Eingriffe, überhaupt *rational* analysieren könne – *zusätzlich* zur angeblichen Unmöglichkeit direkter Äußerungen zur materiellen Wirklichkeit.

Als Titel würde mir dafür „multipler Solipsismus" in den Sinn kommen – der nicht viel besser scheint als der philosophische Solipsismus von Bischof George Berkeley, der ja der Meinung war, wir hätten es lediglich der Güte Gottes zu verdanken, dass wir auch beim zweiten Blick auf unseren Wohnzimmertisch nicht plötzlich einen Gorilla sähen, sondern immer noch den Tisch. Nun, in einer Welt (des frühen Sensualismus, um 1700), in der wir *nur* von unseren Sinneserscheinungen ausgehen dürfen und nicht von materiellen Gegenständen, die ja unbestritten zumindest als Anlass für Erstere bewertet werden könnten, mag sich eine derartige Erklärung wohl in irgendeinem unklaren religiösen Sinn aufdrängen – wie sonst noch, wüsste ich nicht.

---

[18] *Quantenwelt:* 137.

4

Realismus ist keine absurde Idee

4.1 Realismus der ersten und zweiten Generation

Im zweiten Teil seines Buches behandelt Smolin „Die Wiedergeburt des Realismus" durch Einstein (als Vertreter der ersten Generation) und anschließend durch de Broglie (als Vertreter der zweiten Generation). Smolin schreibt dazu, dass es doch wirklich sonderbar anmute, dass schon seit 1927 eine realistische Version der *QM existierte,* diese aber noch immer nicht ihren Weg in die Lehrbücher gefunden habe.

Und in dieser Version gab es *sowohl* Wellen *als auch* Teilchen. Ich habe keinen Überblick über die englischen oder anderssprachigen Lehrbücher. Für Deutschland kann ich allerdings eine rühmliche Ausnahme von der referierten antirealistischen Lehrbuch-Arroganz melden, nämlich das umfängliche zweibändige Lehrbuch für theoretische Physik

© Der/die Autor(en), exklusiv lizenziert an Springer-Verlag GmbH, DE, ein Teil von Springer Nature 2023
N. H. Hinterberger, *Der Realismus - in der theoretischen Physik*,
https://doi.org/10.1007/978-3-662-67695-0_4

von Eckhard Rebhan.[1] Das Teilchen bewegt sich, wie Smolin schreibt, dahin, „wo die Welle hoch ist". Damit ist gemeint, dass das Teilchen immer zur höchsten Auslenkung der harmonischen Welle (also zur Amplitude) geht. Das Teilchen geht (beim Doppelspalt-Experiment) immer nur durch den linken *oder* den rechten Spalt. Die Welle geht immer durch *beide zugleich:* „Das Teilchen geht durch nur einen Spalt um nur eine Seite herum, aber die Richtung, in die es sich bewegt, sobald es durch den Spalt durch ist, wird von der Welle geführt und zeigt den Einfluss beider Pfade."[2]

So kann man die Einschläge der Teilchen in einem gewissen Streubereich der Punktschwärzungen (bei einzelnem Photonenbeschuss einer Photoplatte etwa) mühelos erklären, weil man weiß, dass die Teilchen schon durch den Amplitudenausschlag der Führungswelle nicht alle auf einem Punkt landen können. Ohne Wellenbeteiligung müsste man annehmen, dass sie alle auf einem Punkt landen. Bei makroskopischen Größen sehen wir, dass bspw. alle Schüsse aus einem fixierten Gewehr (etwa) in einem Punkt einschlagen. Denn die Wellen der Kugeln sind, anders als die eines Photons oder Elektrons, so kurz (hochfrequent), dass sie nicht aus den Kugeln heraustreten und sie also auch nicht aus ihrer geraden Bahn entführen können.

Aufgrund der hohen Masse einer Bleikugel besitzt ihre Welle eine hohe Frequenz bei kurzer Wellenlänge. Sie wird also gewissermaßen via hoher Energie daran gehindert, über den Kugelumfang hinauszugehen, weshalb hier auch keine

---

[1] Eckhard Rebhan, *Theoretische Physik* (I und II), Spektrum, Akademischer Verlag, 2005. Dieses Werk (verlagsseitig von Andreas Rüdinger verantwortet) stellt eine beeindruckende realistische Fleißarbeit dar, aus der nicht nur viele Physiker:innen, sondern auch ich persönlich sehr viel zu realistischer Physik *insgesamt* lernen konnten. Rebhan vertritt nämlich einen *explizit* an der Bohm'schen Mechanik orientierten bzw. darauf aufbauenden Realismus. Er erwähnt auch, dass Detlef Dürr, der offenbar den Rebhan'schen Teil über Quantenmechanik Korrektur gelesen hatte, selbst ein „schönes Buch" über die *Bohm'sche Mechanik* (mit gleichem Titel) verfasst hat – aus dem ich im Übrigen ebenfalls wieder viel gründlich durchdachten Realismus mitnehmen konnte.

[2] *Quantenwelt*:142

Steuerung durch die Welle stattfinden kann, die den Massenmittelpunkt der Kugel aus der Ursprungsrichtung herausbringen könnte. Nur bei Elementarteilchen, Atomen (und bestimmten Molekülgrößen) reichen sie über den Teilchenumfang hinaus. Und nur hier können die Wellen eine Abweichung vom Weg der ansonsten Geraden des klassischen Teilchens bestimmen. So kann ein Quantensystem auch stimmig als *eine Entität* von Welle und Teilchen *zugleich* gesehen werden – allerdings mit anderen Möglichkeits- bzw. Freiheitsgraden, als wir das bei makroskopischen Dingen erleben.

Wenn mich nicht alles täuscht, könnte man von dieser Überlegung her das Problem der anscheinend fehlenden Wechselwirkung in de Broglies Führungswellentheorie (Welle wirkt auf Teilchen, Teilchen wirkt aber nicht zurück) vielleicht mit einem neuen Argument lösen:

Wir könnten hier argumentieren, dass nur *zwei verschiedene Entitäten* echte Wechselwirkungen austauschen können. Wenn aber ein Elektron Welle und Teilchen zugleich ist, handelt es sich – wie wir ja auch gerade vom Welle-Teilchen-Dualismus her definiert haben – nur um *eine* Quantenentität. Von einer solchen Definition her könnte man also gar keine Wechselwirkung fordern.

Beliebige Quantensysteme (gleichgültig ob Bosonen wie das Photon oder Fermionen wie das Elektron) könnten (in dieser Doppelnatur von Welle und Teilchen) nur mit anderen, *fremden* Entitäten wechselwirken. Selbstüberlagerungen bestimmter Eigenschaften ein und desselben Quantensystems könnte man in diesem Bild dann schon trivialerweise nicht als Wechselwirkungen beschreiben. Damit hätte man auch suspekte kontradiktorische Selbstüberlagerungen (Katze gleichzeitig tot und lebendig) trivial ausgeschlossen.

Das Ganze müsste – bezüglich Wechselwirkung bzw. Informationsübertragung – ähnlich und wie mir scheint sogar besonders für Teilchen*verschränkungen* gelten.

Eine Verschränkung etwa (ob nun eher lokal oder über große Entfernungen) ist keine Wechselwirkung oder Informationsübertragung (das wird in der Diskussion inzwischen auch ziemlich allgemein so gesehen), denn es wird per definitionem keine Information übertragen (weitergegeben). Wenn die Verschränkung erst einmal besteht, können die beteiligten Teilchen bekanntlich nur noch als *ein* System beschrieben werden, welches (logisch korrekt nach Leibniz) nur *identisch mit sich selbst* sein kann. Es kann also nichts Fremdes *in* solchen Quantensystemen sein, das mit ihnen „wechselwirken" könnte. Es kann sich jedenfalls nicht um Wechselwirkung im üblichen physikalischen Sinn handeln.

Und in diesem Zusammenhang kann zur scheinbar fehlenden Rückwirkung vom Teilchen auf die Welle bei de Broglie zu bedenken gegeben werden, dass hier gar keine Rückwirkung stattfinden kann, weil es (in diesem *Identitäts*setting) auch keine „Hinwirkung" (Welle auf Teilchen) gegeben hat. Das *Mitführen* des Teilchens durch sein eigenes Quantenfeld kann also nicht als gewissermaßen „einseitige" Wirkung bzw. halbe Wechselwirkung modelliert werden.

Im Realismus wird das eigentlich auch seit Einstein und de Broglie (den Entdeckern des Welle-Teilchen-Dualismus) so gesehen, dass man *ein* Quantensystem nicht behandeln kann wie zwei unterschiedliche (also wirklich voneinander separierte) Systeme in der Makrophysik. Bei der *elektromagnetischen Wechselwirkung* – zwischen großen elektrischen Feldern und den orthogonal dazu stehenden großen Magnetfeldern –, wie sie exemplarisch in Sonnen vorkommt, hat das seine Ordnung mit Newtons actio = reactio – nicht aber auf der Skala einzelner Quantensysteme.

Elektromagnetische Felder produzieren durch ihre tatsächliche Wechselwirkung nun zwar Photonen, aber *die* wiederum „wechselwirken" nicht mit sich selbst und sind im Übrigen auch elektrisch und magnetisch neutral – anders als ihre erzeugenden Felder. Sie können sich (als Bosonen) bekanntlich örtlich überlagern (verdichten im Lasereffekt), aber auch das wäre wohl nur mühsam als Wechselwirkung zu modellieren. Ich wüsste jedenfalls nicht, mit welchen physikalischen Argumenten das geschehen sollte.

Halten wir fest: Wechselwirkung kann es nur zwischen mindestens *zwei* Systemen geben. Beim Welle-Teilchen *dualismus* ist man – der gegebenen Argumentation folgend – nicht berechtigt, von zwei Systemen zu reden, sondern jeweils nur von *einem* Quantensystem – mit diesen beiden anscheinend untrennbaren Eigenschaften eben.

Wechselwirkung wird darüber hinaus ganz allgemein als physikalische bzw. materielle Informations*übertragung* gesehen. Wir sehen bei experimentellen Verschränkungen zweier Teilchen mit gegensätzlichem Spin (etwa) bei Anlegen eines Magnetfeldes, dass an Teilchen *A instantan* der umgekehrte Spin zum Teilchen *B* anliegt – und vice versa. Das würde *als Wechselwirkung* gedeutet (auch schon bei sehr kurzen Entfernungen zwischen den Teilchen) trivialerweise Überlichtgeschwindigkeit erfordern. Wir merken gleich, es stimmt irgendetwas grundsätzlich nicht, wenn wir „instantane" Informations*übertragung* bzw. Wechselwirkung annehmen.

Ich würde hier ableiten wollen: Es gibt schlicht keine instantane Informationsübertragung/Wechselwirkung, weil jeder physikalische Prozess *seine Zeit* braucht. Die Lösung des Problems insgesamt scheint dann offenbar darin zu liegen, für verschränkte Systeme, egal wie weit sie voneinander entfernt sind, keinerlei Wechselwirkung anzunehmen – oder anders gesagt, die Korrelation der Teilchen muss *anderer Natur* sein (wir werden weiter unten Smolins Ideen dazu kennenlernen).

Wir haben gesehen, mit dieser Argumentation werden überraschende Beziehungen des Welle-Teilchen-Dualismus zur Verschränkung sichtbar. Man kann aus der Anerkennung der Nicht-Wechselwirkung bei der Verschränkung (die ja letztlich ebenfalls als ein einzelnes System beschrieben wird) die Nicht-Wechselwirkung im Welle-Teilchen-Dualismus anscheinend trivial ableiten, denn beide repräsentieren – wenn sie erst einmal bestehen – jeweils *einzelne* Quantensysteme.

4.1.1 Wahrscheinlichkeitsableitungen aus der Führungsgleichung

Die unvorhersagbaren Streuungen ansonsten gleich präparierter Quantensysteme sind im Übrigen der Grund, warum wir über die (immer leicht variierenden) Einzel-Trajektorien nur Wahrscheinlichkeitsvorhersagen machen können. Zu verdanken ist das dem die Teilchenbahn bestimmenden Wellenaspekt des Teilchens. Ganz ähnlich wie Energie/Masse nicht aus dem Universum verschwinden kann, kann (auf ganz diskreter Ebene) scheinbar ein Teilchen nicht seinem Feld bzw. seinem Wellenaspekt entkommen.

Fazit: Wir können weder die Bahn noch den genauen Ort eines einzelnen Quantenteilchens deterministisch vorhersagen. Erst bei der Messung des Einschlags auf einer Photoplatte oder bei Detektor-Messungen unmittelbar hinter einem Schlitz haben wir einen definiten Ort.

Im Begriffsrahmen von de Broglie gibt es keine *Regel 2*. Aber es gibt bei ihm, neben der Schrödinger-Gleichung, noch ein Gesetz, das beschreibt, wie die Welle das Teilchen führt. Hier wird die Wahrscheinlichkeit des Fundorts für das Teilchen allerdings nicht postuliert, ist also keine Hypothese wie bei Borns *Regel 2*, sondern kann aus der Führungsgleichung direkt abgeleitet werden. Es folgt also aus der Führungsgleichung – dann auch für die Born'sche Regel –, dass der höchste Punkt der Welle der wahrscheinlichste Aufenthaltsort des Teilchens ist. Das kann man als den „steilsten Aufstieg" des Teilchens auf die Amplitude bezeichnen (verglichen etwa mit dem steilsten Abstieg eines rollenden Steines an einem Hang – durch Gravitation). Wenn man sich das

Ganze mit vielen gleich präparierten Teilchen (wie üblich im Millionenbereich) vorstellt, reproduziert man damit Borns Wahrscheinlichkeitsquadrat $| \psi |^2$ für ein Nacheinander-Ensemble.

„Die Theorie der Führungswelle sagt alles voraus, was die Quantenmechanik voraussagt, aber sie erklärt noch viel mehr. Die rätselhafte Art und Weise, wie das Ensemble das Individuum zu beeinflussen scheint, wird aufgeklärt und unmittelbar erklärt als Einfluss der Welle auf das Teilchen."[3]

Eben weil beide Komponenten des gesamten Quantensystems wirklich sind. So verschwindet wieder ein Stück überflüssige „Rätselhaftigkeit" aus der QM.

De Broglies Führungswellentheorie wurde zwar auf der berühmten Solvay-Konferenz (1927) diskutiert, aber nur Einstein hatte anscheinend wirklich gespitzte Ohren, denn er hatte selbst schon an eine Art Führungswelle gedacht, wie Smolin schreibt. Seine Version war aber wohl recht kompliziert und konnte überdies nicht alle Vorhersagen der QM reproduzieren, so dass er seinen diesbezüglichen Aufsatz gar nicht erst veröffentlichte. Einstein sprach sich stattdessen für de Broglies Version aus. Denn de Broglies Führungswellentheorie hatte genau das erreicht, was Einstein in seinen Diskussionen mit Bohr immer wieder anmahnte – nämlich dass man zusätzliche Variable (also Realitätsmerkmale) benötige, um Inkonsistenzen zu vermeiden, die ja mit Ableitungen aus Bohrs idealistischer Komplementaritätsdeutung von Welle und Teilchen durchaus vorhanden waren, weil Bohr andererseits nichtsdestoweniger von *realen* Zeigerstellungen in Messgeräten reden wollte. Ein solcher erkenntnistheoretischer Gemischtwarenladen führt ja zwangsläufig zu der Frage, warum Quantensysteme nur idealistisch, makroskopische Zeiger dagegen real existieren sollten.

---

[3] *Quantenwelt*:144.

Einstein war deshalb von Anfang an zu Recht der Meinung, dass man ohne einen konsistenten Realismus nicht von einer vollständigen Theorie reden kann.

Anstatt diese frühe Kritik von Einstein ernst zu nehmen, ließ Bohr sich lieber von John von Neumann einreden, dass es einen Beweis gäbe, der die Unmöglichkeit von verborgenen Variablen zeige. Die Fehlerhaftigkeit dieses sogenannten Beweises von John von Neumann wurde übrigens nicht erst von John S. Bell gezeigt (der ihn ja regelrecht zerrissen hatte), sondern schon sehr viel früher (und unglücklicherweise wesentlich unbemerkter) von Grete Hermann (einer Doktorandin von Emmy Noether). Grete Hermann entdeckte sehr schnell, dass von Neumann *voraussetzte, was zu beweisen war* (also einen klassischen logischen Zirkel fabriziert hatte), denn „eine der Annahmen des Theorems war bereits äquivalent zur Grundstruktur der Quantenmechanik." Also hatte von Neumann nur die kürzeste Form des circulus vitiosus, nämlich die Tautologie produziert, dass beliebige Theorien, die äquivalent zur QM sind, eben äquivalent zur QM sind.[4]

4.2   Führungswelle und Born'sche Hypothese

In seinem Kap. 8 beschreibt Smolin das Verhältnis des Führungswellengesetzes zur Schrödinger-Gleichung. Die Welle führt das Teilchen immer nur durch *einen* Schlitz, nicht durch „beide zugleich".

„Die Wellenfunktion entwickelt sich immer nach Regel 1 und springt daher weder, noch kollabiert sie."[5]

Die Führungswellentheorie erklärt mit deterministischen Ambitionen alles, was die QM erklärt, also ohne – wie

---

[4] *Quantenwelt*:149–150.
[5] *Quantenwelt*:163

Letztere – *fundamental* in einem Wahrscheinlichkeitsansatz steckenzubleiben. Trotzdem muss sie nicht auf die in der Praxis unverzichtbaren Wahrscheinlichkeits*prognosen* verzichten. Denn aus der Schrödinger-Gleichung (Entwicklung des Teilchens in der Zeit) plus Führungswellengesetz (Bewegung des Teilchens unter Wellenführung) *folgt* das Born'sche Wahrscheinlichkeitsquadrat der Wellenfunktion. Umgekehrt gilt das natürlich nicht: Die realistisch interpretierte Wellenfunktion folgt nicht aus Borns Wahrscheinlichkeitsdichte.

Darüber hinaus beschreibt der De-Broglie-Bohm-Ansatz aber eben auch individuelle Prozesse vollständig (die Welle geht durch alle Öffnungen gleichzeitig, das Teilchen immer nur durch den einen *oder* den anderen Schlitz).

Der Ansatz erklärt *in dieser Vollständigkeit* „wie und warum sich die Elektronen bewegen", also dass die Wahrscheinlichkeitsbeschränkungen immer nur unserer „Unwissenheit über die Ausgangspositionen der Teilchen" zu verdanken sind und nicht einer prinzipiellen *epistemischen* Beschränkung auf makroskopische Beobachtungssituationen (im Extrem etwa nur auf „Zeigerstellungen" von Messinstrumenten). Wenn ein Atom über einen Messprozess mit einem Detektor wechselwirkt, derart, dass eine bestimmte Eigenschaft des Atoms gemessen wird, ist der Detektor so mit dem Atom korreliert, dass wir sowohl den Ort als auch (über Interferenzerscheinungen: gemessene Wellenlängen etwa) die reale Wellenfunktion des Teilchens erfahren – natürlich nicht beide *zugleich* genau.[6]

Wie entstehen Wahrscheinlichkeiten im Führungswellenansatz? Mit der Schrödinger-Gleichung können wir die *Entwicklung* der jeweiligen Wellenfunktion von einem Zeitpunkt zu einem späteren bestimmen. Auch die

[6] *Quantenwelt*:164. Dazu auch: *reale* Wellenfunktionen (als reproduzierbare Bestätigungen für de Broglie). Hier sehen wir die Protonen in der Wellenfunktion auf der „Höhe" der Welle): https://www.internetchemie.info/news/2012/feb12/quanten-kamera-wellenfunktion.php

Führungsgleichung (die die wellengelenkte Mit-Bewegung des Teilchens beschreibt) ist deterministisch. Die Teilchen haben allesamt bestimmte Bahnen. Was ist das eigentlich für eine Sorte Wahrscheinlichkeit, die wir hier brauchen?

Wir kennen das Problem aus der Newton'schen Physik. In der *QM* ist es aus realistischer Sicht nicht anders: Wahrscheinlichkeiten formulieren auch hier unsere *Unwissenheit über die genaue Anfangsposition des jeweiligen individuellen Teilchens*. Man behilft sich damit, dass man eine statistische Durchschnittsaussage über die gleiche Wellenfunktion mit unterschiedlichen Anfangsbedingungen(-orten) macht.

So können wir die „Regel 1 zur Entwicklung der Wellenfunktion und das Führungsgesetz zur Bewegung der Teilchen verwenden. Wenn wir das tun, ändert sich die Wahrscheinlichkeitsverteilungsfunktion ebenfalls in der Zeit und spiegelt die Teilchen wider, die sich umherbewegen."[7]

Die Verteilungsfunktion der Teilchen liefert uns also eine Häufigkeitsverteilung der verschiedenen Anfangspositionen in der Präparationsmenge. Die Born'sche Regel liefert uns ein *P* für die Auffindungsmöglichkeiten an verschiedenen Orten – mit der Hauptkonzentration um den Teilchenort. Die Teilchen haben innerhalb der Führungswellentheorie ihre individuelle Wirklichkeit. Die anfängliche Verteilungsfunktion können wir im Experiment frei wählen. Und es gibt – per Born'scher Regel – die Möglichkeit, dass wir die Teilchen proportional so verteilen, dass das Quadrat umso größer ist, je mehr Teilchen platziert werden. Das wird durch die Zeit erhalten:

„Die Teilchen bewegen sich umher, und die Wellenfunktion ändert sich mit der Zeit, aber es bleibt wahr, dass das Quadrat der Wellenfunktion die Wahrscheinlichkeit dessen angibt, ein Teilchen festzustellen."

In de Broglies Idee schlummert allerdings noch Weiteres. Selbst wenn man die Teilchenmenge mit einer beliebigen

---

[7] *Quantenwelt*:167.

anderen als der quadratischen Funktion anfangen lässt, wird sich das System nichtsdestoweniger so entwickeln, dass „die tatsächliche Wahrscheinlichkeitsfunktion in Übereinstimmung mit der Funktion gebracht wird, die durch das Quadrat der Wellenfunktion angegeben wird."[8]

Das deutet auf einen Gleichgewichtsprozess hin, wie wir ihn aus der Thermodynamik kennen. In Letzterer handelt es sich um eine physikalische *Verwirklichungstendenz* bezüglich der Zunahme der Unordnung (in abgeschlossenen Systemen, wenn keine lokalen Strukturierungsprozesse durch Gravitation oder andere Kräfte vorliegen), egal welchen *neg*entropischen Grad der Strukturierung wir *zu Anfang* haben mögen. In der Führungswellentheorie ist das ebenfalls auf diesen Realismus bezogen. Denn aus dieser *Dynamik* kann Borns Regel abgeleitet werden. Ein Quantensystem befindet sich nämlich nicht im Quantengleichgewicht, wenn es sich von der Born'schen Verteilung $| \psi |^2$ unterscheidet.[9] Und hier haben wir auch die Art der Wahrscheinlichkeit, die

---

[8]Das wurde offenbar schon 2004 durch Antony Valentini und Hans Westman im Rahmen numerischer Simulationen gezeigt. Die Autoren argumentieren, dass Quantenwahrscheinlichkeiten *dynamisch* entstehen bzw. dass eine *Ableitung* der Born'schen Wahrscheinlichkeit $\rho = | \psi |^2$ aus der De-Broglie-Bohm-Führungswellentheorie erfolgen kann: „It is argued that quantum probabilities arise dynamically, and have a status similar to thermal probabilities in ordinary statistical mechanics." Sie zeigen in diesem Zusammenhang, dass sich beliebige Anfangsensembles mit *Nicht*-Standardverteilung der Teilchenpositionen allesamt hochgradig approximativ in Richtung $| \psi |^2$ entwickeln. Die Autoren liefern Simulationen in 10 Abbildungen: https://www.researchgate.net/publication/2192349_Dynamical_Origin_of_Quantum_Probabilities.

[9]Warum ist die Wellenfunktion quadriert? Der Betrag ist quadriert wegen $\psi(r, t)^* \cdot \psi(r, t)$. Das ist die Rechenvorschrift. Nur so erhält man den richtigen Betrag für die Wahrscheinlichkeitsdichte $\rho(r, t)$ – die dann auch tatsächlich in der Experimentstatistik bestätigt wird – und die ist eben $= | \psi(r, t) |^2$, bei Born abgekürzt $| \psi |^2$. Darauf ist Born (der zunächst gar kein Quadrat veranschlagt hatte) übrigens erst von Schrödinger hingewiesen worden (wie Detlef Dürr in *Verständliche Quantenmechanik*, Springer 2018:16 bemerkt). Born hatte zunächst überhaupt nicht an eine Quadrierung gedacht. Dürr zeigt auch, dass Born die „expandierte" realistische Notation (oben) nie verwendet hat: „*Bornsche statistische Hypothese*: Wenn ein System die Wellenfunktion ψ hat, sind die gemessenen Orte der Teilchen gemäß $\rho = \psi^*\psi = | \psi |^2$ verteilt. Hierin ist ψ^*

für den Realismus relevant ist, nämlich eine reale *Propensität* = Verwirklichungstendenz:

„Sobald ein System sich im Gleichgewichtszustand befindet, stimmen die Vorhersagen der Führungswellentheorie mit denen der Quantenmechanik überein."[10]

Man müsse ein System also irgendwie aus dem Quantengleichgewicht herausbringen, um eine experimentelle Möglichkeit an der Hand zu haben, zwischen der *QM* und der Führungswellentheorie entscheiden zu können. Nun sind bspw. Antony Valentini et al. der Meinung, dass das Universum in einem Zustand abseits vom Gleichgewicht begann und erst im Laufe der Expansion zum Gleichgewicht tendierte.[11] Dafür gibt es in der Hintergrundstrahlung allerdings (bislang) keine wirklich zwingenden Spuren. Da sehen wir eigentlich nur den umgekehrten Weg (*von* einem Gleichgewicht zunächst hin zu punktuellen Strukturierungen in Form von Dichte-Fluktuationen des Quark-Plasmas bis letztlich hin zu Galaxien-Bildungen).

Allgemein wird ohnedies eher angenommen (gleichgültig ob in Urknall- oder Rebounce- bzw. zyklischen Modellen), dass das Universum in einem Gleichgewicht höchster Entropie begann. In zyklischen Modellen wird es (nach einer jeweiligen Kontraktion des Universums) im dann jeweils neuen Anfangszustand durch reine Energieerhaltung (ohne Strukturierungen) *aus dem Vorgängeruniversum* erklärt. Ob diese maximale Entropie des Anfangs durch extreme Expansion (gewissermaßen *gegen* die vielen Strukturbildungen, die wir gesehen haben und immer noch sehen) letztlich dann auch am Ende wieder zu maximaler Entropie (bzw. zum „Wärmetod" des Universums) führt (unter der

---

die zu ψ konjugiert komplexe Funktion." (Detlef Dürr, in *Verständliche Quantenmechanik*, Springer 2018:17).

[10] *Quantenwelt*:168.

[11] *Quantenwelt*:169.

Voraussetzung, dass das Universum ein abgeschlossenes System *ist*), wird in Bezug auf die nichtzyklischen Modelle immer noch lebhaft diskutiert. In den Rebounce-Modellen (Martin Bojowald et al.) wird das allerdings anders diskutiert. Hier gibt es einen jeweiligen *kontraktiven* Umkehrpunkt, nicht im Zeitpfeil, aber in der Raumausdehnung, der oberhalb der *kritischen Masse* sozusagen automatisch zu neuer (kontraktiver) Verdichtung führt.

Aber was auch immer sich hier als richtig herausstellen wird, Valentini hat jedenfalls (gestützt durch numerische Simulationen) gezeigt, dass ein negentropischer Zustand in der Zeitentwicklung ebenfalls zu hoher Entropie führen müsste – also letztlich auch zur Erhaltung der Energie in der Verteilung von $| \psi |^2$. So *folgt* Borns Hypothese in jedem Fall aus der Führungswellentheorie.

4.2.1 Die berühmteste Katze

Schrödingers Katze wird innerhalb der Führungswellentheorie folgendermaßen aufgeschlüsselt:

„Die Führungswellentheorie behauptet, dass die Quantenmechanik universell gilt. Es gibt nur die Regel 1, und sie gilt für alle Fälle. Das bedeutet, dass Messungen sich nicht von anderen Prozessen unterscheiden."[12]

Insbesondere der letzte Satz kann hier wohl als rigorose Unterscheidung schon des frühen Realismus vom Kopenhagener Verständnis betrachtet werden. So können nicht nur *QM*-Objekte, sondern alle materiellen Objekte bezüglich ihrer Wechselwirkungen unter den gleichen Voraussetzungen betrachtet werden: Alle weisen sowohl Teilchen- als auch Wellencharakter auf. Beides ist immer da, wenn auch nicht immer gleich gut detektierbar, schon gar nicht gleichzeitig.

---

[12] *Quantenwelt*:169.

Bei großen Objekten wie Messinstrumenten, Menschen und Katzen ist das Postulat und die Beschreibung dieser Doppelexistenz entsprechend komplex. Dafür haben die Physiker aber den Begriff der *Konfiguration* (von großen Atommengen) erdacht. Für ein frei im Raum zu beschreibendes Atom benötigt man bekanntlich drei Zahlen, um Descartes „Dreibein" aufzuspannen. Für die Lokalisation dieses Atoms relativ zu einem weiteren Atom benötigen wir wieder drei Zahlen (für den nächsten Raumpunkt), die wir dazu addieren müssen. Dann haben wir für zwei Atome schon sechs Zahlen, bei dreien neun usw. Nun stellen wir uns eine gewaltige Atommenge dicht gepackt als komplette Katze vor.

Man sieht gleich: Konfigurationsräume liefern keine einfachen Bilder, zumal wir im Realismus de Broglies zusätzlich für jedes Atom eine eigene Welle benötigen. Wenn wir uns außerdem noch eine *Superposition* für die komplette Katze vorstellen müssen, wie von der *QM* suggeriert, stellen wir fest, das kann nicht einfach eine Welle im dreidimensionalen Raum sein, denn wir haben für drei Atome ja schon drei dreidimensionale Räume aufgemacht und, wenn wir so weiter addieren, den *diskreten* Raum für jedes Atom schon jeweils komplett beschrieben.

Die Welle für die komplette Katze darf also *nicht additiv* dazukommen, sondern muss irgendwie mit Wahrscheinlichkeitsüberlagerungen der vorhandenen Einzelwellen zu tun haben, anderenfalls scheinen hier mengentheoretische Komplikationen zu lauern. Denn man muss immer daran denken: Bei dieser Einverleibung der einzelnen Konfigurationen im hochdimensionalen Raum darf sich nicht die Katze verdoppeln, sondern allenfalls die Beschreibung ein und derselben Menge von Atomen. Das geht konsistent nur, wenn die Gesamtwelle der Katze als Superposition vieler diskreter Quantenwellen betrachtet wird. So geht das allerdings nicht bei klassischen Größen, sondern nur auf Quanten- bzw. Molekülskalen.

Es scheint nicht nur schwierig bis unmöglich, sich einen Raum mit vielen Dimensionen überhaupt vorzustellen (*jeder Punkt* dieses Raumes entspricht ja schon einer Konfiguration), Smolin drückt das Unbehagen, das dabei entsteht, folgendermaßen aus. Zeichnet man ein dreidimensionales Objekt der Wirklichkeit, so kann man es bekanntlich auf dem Papier nur zweidimensional abbilden. Wenn man nun versucht, einen normalen 3-D-Raum durch den Konfigurationsraum einer Katze mit ca. 3×10^{25} Dimensionen „auszufüllen", geht es um eine atemberaubende multidimensionale Projektion, „zusammen mit einer stillschweigenden Ermahnung, vorsichtig zu sein und keine falschen Schlüsse aus dieser völlig inadäquaten Visualisierung zu ziehen."[13] Denn wir benötigen sogar noch mehr als eine dreidimensionale Welle für jedes Atom der Katze. Die *quantenmechanisch* benötigte Information wäre erst abgesättigt mit einer Welle, die auf dem Raum aller *möglichen* ihrer Konfigurationen „fließt" gewissermaßen.

Wenn wir uns jetzt an die Eigenheiten von *Quanten*superpositionen oder an die *Quanten*verschränkungen zweier Teilchen erinnern, kommen wir aus der Schwierigkeit, in die sie uns ursprünglich (in lokalistischen Vorstellungen) gebracht haben, vielleicht wieder heraus, sofern wir uns Folgendes klarmachen: Wir wissen, wenn wir an einem Teilchen *a* etwa *Spin UP* messen, dass das mit Teilchen *a* verschränkte Teilchen *b* sicher *Spin DOWN* besitzen muss. Im Experiment können wir das (bei Elektronen etwa) als abhängig von der jeweiligen Ausrichtung eines angelegten Magnetfelds sehen – als „Gegenteil"-Verschränkung, wie Smolin das nennt. Das geht allerdings nur, wenn Teilchen *a* und Teilchen *b* in diesem Zustand (also verschränkt) als *ein* (übergeordnetes) Quantensystem betrachtet werden. Und genau das ist ja auch die Definition der Verschränkung

---

[13] *Quantenwelt*:171.

zweier (oder mehrerer) Teilchen und auch die Definition zweier oder mehrerer überlagerter Wellen.

Smolin investiert in Bezug auf die Katze nun das Konzept, *nur noch* die Gesamtwelle der Katze – gewissermaßen auf dem Raum *aller möglichen* Konfigurationen ihrer selbst – „fließen" zu lassen. Damit uns dabei (im Zusammenhang der Wellen der einzelnen Atome) aber keine logisch unzulässige Mengenverdopplung begegnen kann, müssen wir uns Folgendes klarmachen: Ein Ausdruck über Möglichkeiten ist anscheinend nur im klassischen Setting eine reine Wahrscheinlichkeitsaussage. Smolin macht hier aber von *quantenmechanischen* Möglichkeits*zuständen* – in Form von *Quantenverschränkungen* oder *Quantensuperpositionen* – Gebrauch, die als eine gewissermaßen „brütende" Überlagerung zusammengefasst *existieren*.

Klassisch – bzw. in ihrer jeweils makroskopischen bzw. überlagerungsfreien Verfassung – existieren sie allerdings erst nach ihrer masseabhängigen Dekohärenzzeit, die (abgelaufen) zum Zusammenbruch ihrer Wellenüberlagerungen oder Verschränkungen führt.

Um das logisch sauber bleiben zu lassen, könnte man von einer *präexistierenden dispositionalen* Möglichkeit im Quantenregime bis hin zu molekularen Größen ausgehen, die per Dekohärenz beim Übergang zu makroskopischen Skalen allerdings aufgebrochen wird, abhängig von ihren Massen. Und genau das schlägt Smolin auch vor.

Unstrittig ist im Realismus wohl inzwischen, dass eine Quantenverschränkung oder eine Superposition bei ausreichender molekularer Störung über Dekohärenz (im *diskret* realistischen Verständnis, also nicht im Setting der Wellenproliferation der „Vielen Welten") zurückgeführt wird zur klassischen Notwendigkeit eines klaren Entweder-oder. Das ist die Situation, in der sowohl eine Quantenverschränkung als auch eine Wellenüberlagerung als jeweils zusammengesetzte Systeme wieder zu einzelnen Systemen zurückgeführt werden können. Der *Welle-Teilchen-Dualismus* scheint eine derartige Argumentation zu implizieren.

Um die Superpositionen in eigenschaftsüberlagerten Systemen korrekt zu kodieren, benötigen wir also anscheinend noch etwas anderes als nur die Konfigurationen (als Möglichkeiten) einzelner Atome. Smolin schreibt dazu:

„Sobald man die Existenz einer Welle auf dem Raum aller Konfigurationen der Katze akzeptiert, folgen die Lösungen der Quantenrätsel unmittelbar."[14]

Er erinnert daran, dass es nur *eine* Katze gibt, die sich bei beliebigem *t* auch immer nur in *einer* Eigenschaftskonfiguration befinden kann. Sie ist also auch in Schrödingers Höllenmaschine *immer* entweder tot *oder* lebendig, nie beides zugleich: „Die Wellenfunktion der Katze kann die Summe von zwei Wellen sein, weil man Wellen immer addieren kann (...) Die Welle lenkt die Konfiguration genauso wie sie es bei einem einzelnen Elektron tut."

Aber so wie ein Teilchen immer nur *einer* Wellenverzweigung folgen kann (bzw. im Experiment nur durch einen Schlitz gehen kann), während die Welle allen möglichen Wegen folgen kann, kann eine Katze aufgrund ihrer Größe mit schon dekohärierten Wellenüberlagerungen ausgestattet – also ohne die Möglichkeitsüberlagerung ihrer Wellen bzw. ohne sich „unscharf" im Raum über ihren Durchmesser auszudehnen) immer nur *entweder* tot *oder* lebendig sein – egal ob in Schrödingers Höllenmaschine oder sonst wo.

Auf Quantenskalen verhält sich das allerdings anders – und hier darf es sich auch anders verhalten. Smolin fordert hier, einen Möglichkeitsraum auf atomarer Ebene als ebenso real wie den klassischen Notwendigkeitsraum der makroskopischen Größen zu etablieren.

Zur Erinnerung: Rein epistemische – also von *uns* kalkulierte – *vermutete* Möglichkeiten stehen in keinerlei Kausalitätszusammenhang. Sie sind folglich nicht real. Für Smolins

---

[14] *Quantenwelt*:172.

quantenphysikalische Möglichkeits*existenz* benötigen wir also echte *Propensitäten*, als schon „brütend" bestehend Mögliches. Und das haben wir nur in Superpositionen auf Quantenebene. Und die müssen in Experimenten als Bestätigung einer Wahrscheinlichkeitsvoraussage auftreten können. Man kann so den Konfigurationsraum als propensitären Möglichkeitsraum definieren. Damit ist man dann auch vor Mengenantinomien geschützt:

„Es gibt (...) keine Chance, dass die leeren Zweige, die die Leben repräsentieren, die wir nicht gelebt haben, und die Entscheidungen, die wir nicht getroffen haben, irgendwelche Auswirkungen auf unsere Zukunft haben werden. Aber wenn wir bloße Atome wären, gäbe es ständig Interferenzen zwischen vollen und leeren Zweigen der Wellenfunktion."[15]

Smolins erster Satz impliziert, dass eine klassisch makroskopische Möglichkeit im üblichen Sinne (nämlich als reiner Ordnungsbegriff der Wahrscheinlichkeit) *keine* Existenz besitzen kann, weil sie in keinem Kausalzusammenhang stehen kann – als reine Wahrscheinlichkeitsvermutung.

Den zweiten Satz von Smolin würde ich ganz gerne unisono mit meiner Kritik an der scheinbar fehlenden Wechselwirkung bei Quantenentitäten konfrontieren: Also: Welle und Teilchen sind *eine* Quantenentität, zur Wechselwirkung brauchen wir *zwei*.

Wie es scheint, benötigen wir für *quantenmechanische Möglichkeiten* (wie sie in Superpositionen vorliegen) eine stark abgewandelte Definition des gewöhnlichen Möglichkeitsbegriffs. Was wir benötigen, ist eine *materielldispositional existierende* Möglichkeit – wie die, auf die Smolin hier abzielt (wie wir weiter unten noch genauer sehen werden).

---

[15] *Quantenwelt*:175.

4.3 Physikalischer Kollaps oder Teilchen plus Welle

Entweder es gibt keine Superpositionen *makroskopischer Objekte* oder sie treten nicht wellenwirksam in Erscheinung weil große Objekte immer eine *bestimmte* (Relativ-)Position einnehmen und die Wellen aufgrund der hohen Masse/Energie bzw. der hohen Frequenz ihrer gesammelten Atome nicht über den Durchmesser der gesamten klassischen Entität hinausgehen können.

Im Rahmen *realistischer Kollaps*theorien (bei welchen also nicht nur „eine Gleichung kollabiert") wird das etwas anders diskutiert. Wenn wir die neueren Versionen der *realistischen* Kollapstheorien ansprechen, die nachhaltig von sich reden gemacht haben, können wir feststellen, dass bei Giancarlo Ghirardi, Alberto Rimini und Tullio Weber (kurz *GRW*) – aber auch bei Roderich Tumulka et al. – im Wesentlichen *nur makroskopische* Superpositionen der Wellenanteile ihrer jeweiligen gewaltigen Mengen von Atomen häufig kollabieren – die Wellen einzelner (freier) Atome eher selten.[16]

Der Ursprung dieser rein wellentheoretischen *Spontan*-Kollapslösung kann, wie Smolin schreibt, auf Jeffrey Bub (einen Schüler von David Bohm) zurückgeführt werden. Er hatte nämlich als Erster (später dann auch zusammen mit Bohm) versucht, das Problem der Wucherung von leeren Wellen zu lösen, das sich aus de Broglies Führungswellenansatz ergab. Wenn man *Regel 1* und *Regel 2* nämlich zusammenfasst und Kollapshäufigkeiten proportional zu den jeweiligen Massen der Objekte berechnet, kommt man am Ende zu einer Erklärung für die großen Objekte, die keine Superpositionen aufweisen. Einmal gilt das für die gesamte Makrophysik, aber dann auch für atomare bzw. *Quanten*teilchen-Detektionen. Da passiert das aufgrund der

---

[16] *Quantenwelt*:177–180.

geringen Masse viel seltener, aber (im Rahmen des *spontanen Kollapses*) passiert es da *auch messungsunabhängig* – sowohl die *Regel 2* befriedigend als auch (*ohne* Messung eben) über sie hinausgehend.

Das geht bei den Kopenhagenern bekanntlich genau andersherum. Da kollabieren überdies (interpretativ) nur epistemische *Wahrscheinlichkeits*wellen zu einzelnen „Messungsteilchen" in ihren „Messungsorten". Aber die Kopenhagener mussten sich ja ohnedies keine *GRW*-Gedanken darüber machen, wie sie *realistisch* erklären wollten, warum bei einzelnen Quanten die Wellenfunktion immer nur bei der Messung auf diese Weise reduziert wird. Als konsequente Antirealisten entwickelten sie diesen Ehrgeiz gar nicht. Was kümmert mich die Welt außerhalb meines Messgerätes, da ich schon den Teilchenort samt dem Impuls als messungsabhängig betrachte.

GRW ordnen ihren Ansatz dagegen folgendermaßen: „Die meiste Zeit ändert sich die Wellenfunktion eines atomaren Systems langsam und stetig und gehorcht Regel 1. Aber von Zeit zu Zeit springt es in einen bestimmten Zustand und gehorcht einer Form von Regel 2."[17]

Dieses „Springen" wird von den Realist:innen *spontaner Kollaps* genannt. Um Interferenzen sensibler einzelner atomarer Superpositionen (nicht nur in Quantencomputern übrigens) nicht zu stören, muss man die Häufigkeit eines spontanen Kollapsereignisses offenbar gut angenähert bestimmen können. Die Autoren finden, dass bei großen Körpern ein spontaner Kollaps aufgrund der vielen Atome (also letztlich aufgrund der hohen Masse) ungleich häufiger stattfinden müsste. So hat man gleichzeitig erklärt, warum große Objekte sich immer irgendwo befinden und sich eben nicht wellenartig über ihre Standorte ausdehnen.

---

[17] *Quantenwelt*:180

Die Autoren lösen das Messproblem überdies *rein* wellentheoretisch. Es gibt keine Teilchen im üblichen Sinne mehr, denn das Resultat des spontanen Kollapses ist bei *GRW* ein stark lokalisiert zusammengeschnurrtes Wellen*paket* (das „aussieht" wie ein Teilchen) als Teilchen*ersatz*. Da es in diesem Setting keine Teilchen mehr gibt, gibt es natürlich auch kein Problem mit der Beschreibung der Welle-Teilchen-*Dualität*. Schrödinger wäre das vermutlich sympathisch gewesen, denn er hatte eine ähnliche „Wellenvorliebe". Zu Beginn hatte er de Broglies Herangehensweise (wie Smolin erwähnt) sogar als *reinen* Wellenansatz aufgefasst.

Die standardmäßig kollabierten quasiklassischen Entitäten liefern bei *GRW* und Tumulka immer eine definite Position im Raum, so dass sie makroskopisch aussehen wie fest vom restlichen Raum abgegrenzte Dinge im üblichen Sinne. Und ihre kleinen Bestandteile, die einzelnen atomaren oder subatomaren Wellenpakete „sehen eben aus" wie Teilchen, sind bei den Autoren aber winzige Wellenpakete. Aus diesen – und nur aus diesen – bestehen eben die großen Dinge, nachdem sie durch spontanen Kollaps derart reduziert wurden.

Zunächst einmal kann man wohl einräumen, dass dieser Ansatz hypothetisch-realistischen Ansprüchen an Konsistenz genügt. Die Wellenfunktion *ist* in diesem Bild das System, es gibt keine Interpretationsprobleme und keine epistemologischen Ausweichbewegungen idealistischer Art. Der jeweilige Kollaps findet physikalisch statt (nicht nur als „Wissens-Update"), die Verzweigungswucherungen *leerer Wellen* des traditionellen Führungswellenansatzes werden vermieden: Große Objekte (also auch Messgeräte) befinden sich immer in kollabierten Zuständen, deshalb gibt es kein Messproblem. Weder Bewusstsein noch Information, noch Messungen selbst spielen irgendeine Sonderrolle. Wenn man nun eine dieser Wellentheorien definieren will (es gibt inzwischen eine ganze Reihe von Varianten), muss man sich überlegen, welche Frage die reduzierte Wellenfunktion beantworten soll.

„Die übliche Antwort lautet: die Position im Raum. Die kollabierten Wellenfunktionen gipfeln irgendwo im Raum, was sie wie Teilchen erscheinen lässt."[18]

Als ernste Schwierigkeit dieses Ansatzes nennt Smolin, dass der Kollaps zeitlich als „unmittelbar" modelliert wird. Wellen haben indessen immer eine gewisse Ausdehnung, so dass es *kein instantanes* Zusammenschnurren mit t = null geben kann. Mit Letzterem wird also außerdem ein Problem der Kopenhagener wiederbelebt.

Als *Reiz* der Idee des realistischen Kollapses wird empfunden, dass er nicht auf Messungen beschränkt ist. Es wird postuliert, dass er *dynamisch* überall im Universum stattfinde, ohne auf Messsituationen (bzw. -beobachtungen) angewiesen zu sein. Die Häufigkeit der Kollapsereignisse soll dabei eben (plausibel) bestimmt werden, indem man sie mit der Masse bzw. Energie der Atome in Zusammenhang bringt, die proportional zur Häufigkeit des reduzierenden Ereignisses angesetzt werden (also je mehr Masse, desto häufiger).

Die große Masse bei makroskopischen Dingen ließe sich aus meiner Sicht allerdings sehr viel stabiler ohne diesen (überdies rein wellentheoretischen) Kollapsansatz für die überall festzustellende Abgegrenztheit bzw. Nicht-Wellenartigkeit *dekohärierter* Objekte in Anschlag bringen. Denn wir wissen, dass Masse in Energie umgerechnet werden kann und damit auch in hohe Frequenz bei kurzer Wellenlänge, so dass die Wellenlängen solcher massereichen Objekte immer sehr viel kürzer sind als ihre Durchmesser. Dafür scheint der Kollaps als Erklärung aber sehr viel sperriger (mit viel größeren Problemen behaftet) als etwa ein demystifizierter *Dekohärenz* ansatz.

---

[18] *Quantenwelt*:181.

Die Störung oder Zerstörung von Superpositionen kann dann ganz allgemein sehr viel besser auf spezielle *Dekohärenzzeiten* zurückgeführt werden, bei welchen von vornherein nirgends von der Notwendigkeit instantaner Wirkungen die Rede ist. Die Dekohärenzdefinition muss dabei natürlich *ohne* jeweils neue hypothetische Wellenverzweigungen im Gefolge (wie etwa in H. D. Zehs Dekohärenzvorstellung der „Vielen Welten") betrachtet werden. Und das geschieht ja in der Praxis auch problemlos. Wir verfügen nämlich inzwischen über genaue Dekohärenzzeiten für die unterschiedlichen Größen- bzw. Massenskalen.[19] Das wäre für mich jedenfalls der überzeugendere Grund, warum wir die großen Dinge nicht wellenartig (wie in den Quantengrößen), sondern klar abgetrennt von ihrer Umgebung und immer an einem bestimmten Ort erleben. Für diesen Ansatz muss vor allem der *Welle-Teilchen-Dualismus* nicht angegriffen werden, der die De-Broglie-Bohm-Theorie so stark gemacht hat.

Smolin lobt zwar die Qualität der Kollapstheorien hinsichtlich ihrer Vorhersage von Falsifikations-Möglichkeiten, die bspw. dazu führen könnten, die *QM* zu falsifizieren und die Kollapsansätze vorläufig zu stützen. Hier gibt es die Idee, dass die zufälligen Kollapsereignisse ein Rauschen in das System einführen müssten. Für bestimmte Werte der Parameter „wäre der Effekt groß genug, um sichtbar zu sein. In mehreren vor kurzem durchgeführten Experimenten wurde keine Notwendigkeit einer solchen Quelle des Rauschens erkannt, was bestimmte Werte der Parameter ausschließt, wenn nicht gar die Theorie selbst."[20]

---

[19] https://www.chemie.de/lexikon/Dekoh%C3%A4renz.html#Typische_ Dekoh.C3.A4renzzeiten Unter *Dekohärenzzeiten* versteht man Zeitspannen, während derer die Kohärenz von Quantenüberlagerungen durch Umgebungseinflüsse *verloren* geht. Sie reduzieren sich (siehe die Liste der Dekohärenzzeiten in dem Chemie-Link) alle unterschiedlich – je nach Masse, als unterschiedliche *t*-Funktionen – in unkorrelierte klassische Einzelzustände.

[20] *Quantenwelt*:183.

Das klingt dann aber letztlich doch wenig ermutigend, wie ich finde. Und zur ersten Bemerkung wird nicht weiter erklärt, von welcher Art Rauschen – und von welchem System – hier eigentlich die Rede sein soll.

Smolin bemerkt dessen ungeachtet, dass doch nichts „herrlicher" wäre als die Entdeckung eines Effekts, der die Quantentheorie falsifizieren und eine ihrer realistischen Alternativen stützen würde. Die Schwäche der Kollapsansätze sieht er darin, dass sie praktisch *nur* das Messproblem lösen. Überzeugender wären Mittel, mit denen man auch das Problem der *Quantengravitation* angehen könnte. Dem kann man sich wohl anschließen.

4.4 Spin-Netzwerke und Reduktionen der Wellenfunktion durch Gravitation

Mit dem Problem der Quantengravitation hat sich *Roger Penrose* besonders nachhaltig beschäftigt. Penrose wird im Übrigen ziemlich allgemein als der Physiker betrachtet, der die wichtigsten Beiträge zur Relativitätstheorie seit Einstein geleistet hat. Smolin findet das aber des Lobes noch nicht genug, denn dabei gerät in der Tat leicht aus dem Gedächtnis, dass Penrose darüber hinaus den *Kausalitätsgedanken* in einer ganz neuen realistischen Form (und zwar schon in den frühen 60er Jahren) in die kausalitätsvergessene Mikrophysik dieser Zeit investiert hatte.

Zur Relativitätstheorie schlug Penrose jedenfalls eine revolutionäre Änderung vor.

Smolin schreibt: „Anstatt darüber zu sprechen, wie weit zwei Ereignisse voneinander entfernt sind, oder wie viel Zeit auf einer Uhr verstreicht, beschrieb er die Raumzeit im Hinblick darauf, welche Ereignisse die Ursachen welcher anderen Ereignisse sind."[21]

Damit hatte er – noch radikaler als Einstein – vorgeschlagen, den Raum als emergent zu betrachten bzw. als die unwichtigere Komponente in der Raumzeit-Betrachtung – zugunsten einer (fundamentalen) Hervorhebung der kausalen Prozesse. Damit war der *realistische* Relationalismus geboren, auf den die gesamte *LQG* und besonders stark Lee Smolin und Marina Cortês rekurrieren.

Dieser Ansatz bildet sozusagen die Grundstruktur der *energetisch kausal* strukturierten Relationalität (in Smolins eigenem Modell *energetisch kausaler Mengen* bzw. *Quantum Energetic Causal Sets* – unten), in der der Raum (fundamental) eben keine Rolle mehr spielt, der *Energie-Impuls-Begriff im Zeitpfeil* allerdings eine umso größere.

Penrose hatte darüber hinaus nicht nur – in einer reductio ad absurdum – gezeigt, dass die Erklärungskraft in den Gleichungen der Relativitätstheorie zusammenbricht, wenn man Letztere für beliebige Skalen (insbesondere hinsichtlich der Massendichte) *kontinuierlich* lässt. Gleichzeitig *adoptierte* er die Gravitationsbeschreibungen Einsteins und versuchte, sie nun im quantisierten Modus zu entwickeln. Später hat er allerdings auch noch das genaue Gegenteil versucht, also versucht, die *QM* relativistisch zu formulieren.

Das war gewissermaßen die Geburtsstunde für die Arbeit an der *Quantengravitation* – gleichgültig von welcher Seite man sich ihr auch nähern mochte. Die Reductio ging von den katastrophalen Unendlichkeitsableitungen aus, die beim *kontinuierlichen bzw. unquantifizierten* Einstein möglich waren: unendliche Dichte, unendlich starkes Gravitationsfeld in schwarzen Löchern und trivialerweise dann auch im Anfangszustand des Universums.

---

[21] *Quantenwelt*:184.

In der Grundlagenphysik war Penrose „frappiert von der Übereinstimmung zwischen der Quantenverschränkung und dem Mach'schen Prinzip."[22]

Schon Einstein hatte – mit Ernst Mach – die Auffassung vertreten, dass der Raum kaum eine so fundamentale Rolle spielen dürfte wie die energetischen bzw. wechselwirkenden Beziehungen zwischen einzelnen *Ereignissen* (siehe Einsteins Tensorphysik). Durch die Anziehung aller Massen im Universum – durch die die *universelle* Gravitation definiert wird – spielen dann nur noch (durch Gravitationsenergie) gekrümmte Raumteile eine Rolle, weil nur die (über eigene in ihnen gespeicherte Gravitationsenergie) wechselwirken. Anders gesagt, sie müssen genauso als Materie behandelt werden wie all die materiellen Objekte, die ihre Krümmung verursachen, denn beide besitzen Masse bzw. Energie. Das ist der Grund, warum man auf leeren Raum in fundamentaler Beschreibung verzichten kann.

Einsteins *Energie-Impuls-Tensoren* bezogen sich auf Ereignisse bzw. Energiefluss-Prozesse (Anwendungen vor allem in der Feldtheorie). Seine geometrisch *raumzeitlichen* Beschreibungen wurden über einen *relativistisch*-relational verstandenen *Viererimpuls* (= Energie-Impuls-Vektor) formuliert, der eine Erhaltungsgröße darstellt. Als Zusammenfassung von Energie plus dreier Raumrichtungen (für den Impuls) bezeichnet man ihn als *Vierervektor* (im Minkowski-Raum).

Trotzdem wird bei Einstein immer nur *relativistisch* von aufeinander bezogener „Zeitartigkeit" und „Raumartigkeit" gesprochen, woraus trivialerweise kein globaler bzw. evolutionärer Zeitpfeil folgen kann. Bei Einstein hatte also auch der Zeitbegriff (im Sinne eines irreversiblen Zeitpfeils etwa) nichts zu lachen, denn wir sehen, dass er den Zeitanteil in seiner Raumzeit nur ebenso halb konventionell bzw. koordinatenartig relativistisch behandelt hat wie den Raumbegriff.

---

[22] *Quantenwelt*:185.

Das haben seine beiden Nachfolger – Penrose und auch Smolin – anders gemacht. Bezüglich der Emergenz des Raumbegriffs waren sie mit Einstein einig. Was den Zeitbegriff angeht, waren sie allerdings überzeugt davon, dass man einen evolutionären Zeitpfeil ernst, also *fundamental* nehmen muss, weil man ohne ihn (also mit einer ansonsten immer irgendwie „zirkulären" Relationalität von Zeit) Ereignisse und Prozesse bzw. ihre zeitlich gerichteten Wechselwirkungsrelationen (im Nacheinander ihrer Kausalität) gar nicht widerspruchsfrei in einem physikalischen Evolutionsbild beschreiben kann.

Kommen wir zu Penroses Idee der *universellen Verschränkungen* und deren Beziehungen zur universellen Trägheit. Einstein hatte die allgemeine gegenseitige Gravitationsanziehung aller Massen in seiner Relativitätstheorie auf das Mach'sche Prinzip der universellen Massenträgheit abgebildet.[23] Dabei wurde betont, dass durchgehend materielle Beziehungen immer eine wichtigere Rolle spielen müssen als etwa Beschreibungen vor einem fest stehenden („leeren") Hintergrundraum, wie wir ihn von Newton kennen.

Der Raum agierte bei Einstein also ebenfalls materiell bzw. wechselwirkend, weil in ihm Krümmungsenergie gespeichert werden konnte. Er war kein leerer Hintergrund mehr, sondern wirkte über seine gespeicherte Gravitationsenergie (bzw. seine energetisch gekrümmten Bereiche) in der Nähe großer Massen zurück auf diese und *alle anderen* Massen im Universum (proportional zu deren und seiner Masse und umgekehrt proportional zu ihren jeweiligen Abständen). Dieser als *wirksam* übriggebliebene Raum war also ein realer – weil selbst gravitativ – aktiver Teil der allgemei-

---

[23] Machs Trägheitsidee: Alle Materie bewegt sich relational abhängig von der Gesamtmasse/Energie im Universum. Damit wurde natürlich der Newton'sche absolute Raum kritisiert. Mach lehnte Bezugnahmen sich bewegender Materie auf einen statischen, bewegungslosen Hintergrundraum ab mit seiner Forderung, dass Bewegungen von Materie nur in Bezug zu aller anderen Materie im Universum beschrieben werden kann.

nen Wechselwirkungen im Universum. Das konnte auch – in Machs Bild – als universelle Massenträgheit beschrieben werden.

Der „Rest-Raum", also etwa „leerer" Raum bzw. Raum mit „Null-Masse" war entsprechend eher eine Konvention – die man für eine fundamentale physikalische Beschreibung der Welt nicht wirklich benötigte. Damit war die *erste* hintergrundunabhängige Theorie (mit Hilfe von Machs universeller Trägheit) entstanden, die allgemeine Relativitätstheorie.

Smolin schreibt nun: „Penrose stellte als erster die Frage, ob die Beziehungen, die Raum und Zeit bestimmen, aus der Quantenverschränkung hervorgehen könnten."[24] Das war natürlich noch einmal eine ganz neue Qualität in der (quantenkosmologischen) Fragestellung. Penrose hat aus dieser sublimen Symmetrie von Quantenverschränkung und bewegter physikalischer Gravitationsgeometrie dann jedenfalls seine *Spin-Netzwerke* entwickelt.

Da Quantenverschränkungen sich ebenfalls in der Zeit bewegen, intrinsisch in jeweiliger Expansion oder Kontraktion des gesamten Universums, taucht dieses *dynamische* Bild einer „endlichen und diskreten Quantengeometrie" für die gesamte kosmologische Diskussion auf. Nachdem Penroses wichtigster und unveröffentlichter Aufsatz zu diesen Spin-Netzwerken offenbar jahrelang lediglich über handschriftliche Notizen (teilweise über „Serviettenskizzen") verbreitet wurde, fand er letztlich doch seinen Weg in die ersten Formulierungen der *Loop Quantum Gravity* – und zwar als *Kernstruktur* derselben. Es war für meinen Geschmack gleichzeitig der erste *realistisch* belastbare Versuch, die *ART* mit der Quantentheorie in einer gemeinsamen Beschreibung auf den Weg zu bringen. Jedenfalls kann man die entsprechenden Arbeiten der String-Theoretiker:innen zu diesem Thema –

---

[24] *Quantenwelt*:185.

mit ihren unvermeidlichen $\approx 10^{2000}$ Universen – dagegen wohl für einigermaßen exotisch halten.

Eine spätere Erweiterung der Spin-Netzwerke wird uns in Penroses *Twister-Theorie* vorgelegt, mit ihrer überaus eleganten geometrischen Grundlage für die Bewegungsbeschreibungen (-ausbreitungen) von Elektronen, Photonen und Neutrinos. Hier konnte man vor allem eine „schöne" Asymmetrie für Neutrinos ableiten. „Neutrinos existieren in Zuständen, deren Spiegelbilder nicht existieren, und sind folglich paritätsasymmetrisch." Edward Witten hat Twistoren später anscheinend für eine Reformulierung der Quantenfeldtheorie in Anschlag gebracht, die allgemein als sehr gelungen betrachtet wird.

Penrose machte indessen mit seinem multiplen Ansatz an anderer Stelle weiter. Diesmal abweichend von der Quantisierung der *ART* – wie sie in der *LQG* aufgebaut wird – ging er speziell auf bestimmte Konflikte zwischen der Quantentheorie und der *ART* ein. Die Relativitätstheorie involviert bekanntlich viele Zeiten bzw. eine „vielfingrige" Zeit bei Rekurs auf Messungen der Zeit durch bewegte Uhren (oder Uhren in unterschiedlichen „Höhen" des Gravitationsfeldes über der Erde).

Die Quantenmechanik hat dagegen nur eine einzige Zeit. Sie wird in der instrumentalistischen Interpretation allerdings lediglich als Berechnungskoordinate wahrgenommen. In realistischer Interpretation – also in der Zeitentwicklung der Schrödinger-Gleichung – kann sie nur als *Zeitpfeil* in Richtung Zukunft verstanden werden. Das ist aber eine Konklusion, die im Instrumentalismus notorisch *nicht* ernst genommen wird – es gibt für die Instrumentalisten keinen Zeitoperator, der etwa die Zeit fließen lassen könnte.

4.4.1 Kollaps und Dekohärenz

Penrose spricht sich im Übrigen (wie erwähnt) neuerdings – statt für eine Quantisierung der *ART* (wie
es die *LQG*-Physiker:innen vorziehen) – alternativ auch
für eine relativistische Darstellung der Quantenmechanik aus. Damit macht er die vielfingrige Konvention der
ART allerdings fundamental und das Superpositionsprinzip der *QM* emergent. In diesem Zusammenhang lehnt
er sich an die *GRW*-Vorschläge an und fordert wie sie,
dass es physikalisch nur Wellenfunktionen geben sollte, keine Teilchen. Er entgeht damit natürlich ebenso
wie *GRW* der rein informationalen Definition der Kopenhagener, verzichtet aber, wie auch *GRW*, auf den
realistisch dualistischen Ansatz der Existenz von Welle *und*
Teilchen. Er schlägt also genau wie *GRW* vor, „dass der Kollaps der Wellenfunktion ein physikalischer Prozess ist, der von Zeit
zu Zeit auftritt und die stetigen Veränderungen, die von Regel 1
angeordnet werden, unterbricht."
　　Penrose ist in diesem Zusammenhang überdies mit Lajos
Diósi et al. der Meinung, dass der Kollaps durch Gravitati-
onskräfte verursacht wird.[25]
　　Das ist natürlich logisch äquivalent zur Idee bei *GRW*,
dass hohe Masse (eben durch ihre Gravitationswirkung) zum
spontanen Kollaps der Wellenfunktion bei großen Dingen
führt. Anders gesagt, es handelt sich um dieselbe dynamische
bzw. kausale Beschreibung.
　　Damit können beide Beschreibungen mit der Masse bzw.
der Größe des Systems *funktional* in Zusammenhang gebracht werden – was auch ein plausibler Hintergrund wäre,

---

[25] *Quantenwelt*:190. Von Diósi wurde anscheinend zuerst (numerisch) simulativ
untersucht, wie Gravitationsfluktuationen sich auf die Dynamik von Quantensystemen auswirken müssten. Penrose kam mit einer etwas anderen Schätzung
für Gravitationseffekte auf eine ganz ähnliche Kollapszeit einer entsprechenden
Superposition. Deshalb nennt man diese Ergebnisse heute Diósi-Penrose-Modus.
Beide beschreiben die Relation des Wellenfunktionskollaps zur Gravitation.

warum sehr große, massereiche Systeme zwangsläufig kollabieren und mikroskopische Wellensysteme aufgrund ihrer winzigen Masse eben nur äußerst selten.

Aber auch hier kann man natürlich immer noch bezweifeln, dass es den Kollaps (große Welle auf winziges Wellenpaket) überhaupt gibt (und zwar für große wie für kleine Systeme). Wir sehen in der Realität *nicht*, dass ungeschützte, freie Quantenwellen *nicht oder wenig* gestört werden. Wir sehen eher, dass sie vermittelt über beliebige *Teilchen*kollisionen (von „außen") zerstört oder gestört werden (und also nicht *spontan* von großen Wellen zu kleinen Wellenpaketen zusammenschnurren). Bei den *Spontan-Kollaps*-Theoretiker:innen begegnet uns ebenfalls der Begriff von „Kollaps*zeiten*". Denn um auch hier die unerwünschte Einführung von Überlichtgeschwindigkeit zu vermeiden, muss man der Welle die Zeit geben, die eben $v > c$ vermeidet. Der Begriff einer Kollaps*zeit* wiederum erinnert unmittelbar an den Begriff der (überdies empirisch gegebenen) *Dekohärenzzeit*. Man könnte sich also ein weiteres Mal fragen, ob man den gesamten Vorgang – Störungen oder Zerstörungen von Verschränkungen und Superpositionen bzw. Wellenüberlagerungen aller Art – nicht besser gleich mit *Dekohärenz* erklärt.[26] Für diese Störungen benötigen wir allerdings Teilcheneffekte, also nicht bloß ein Photon oder Elektron in ihrer Eigenschaft als *reine* Wellen.

In einer reinen Wellenwelt (bzw. in reiner Feldbetrachtung) hätte man außerdem folgende Situation in Sachen unterschiedlich verlangsamter Uhren: Atome vibrieren im Keller langsamer als im Dachgeschoss (weil sie tiefer im Gravitationsfeld liegen als Atome im Dachgeschoss). Sie werden also stärker beschleunigt und „gehen" dadurch langsamer.

---

[26] *Dekohärenz* hier nicht in der Interpretation von H. D. Zeh – also mit anschließenden proliferierenden neuen Wellenverzweigungen, sondern eben gänzlich ohne diese. So wie wir das auch bei Störungen bzw. unerwünschter Dekohärenz von Wellenüberlagerungen (durch Teilchen) in Quantenrechnern sehen können.

Das haben wir alles empirisch *reproduzierbar* (durch Atom-uhren). Aber sowie man diese Vorstellungen auf Superpositionssituationen anwendet, hätte man das Problem, dass aus einer Superposition der Gravitation vom Kellerzustand und der davon abweichenden vom Dachgeschosszustand folgen müsste, dass die Superponierung dieser ursprünglich unterschiedlichen Zustände dazu führen müsste, dass beide Vibrationen nun in einem und demselben superponierten Gravitationsfeld gleich verlangsamt sein müssten – wie verschiedene Kommentatoren zu recht bemerkt haben. Wir sehen aber *empirisch* immer, dass die Kelleruhr stärker verlangsamt ist als die Dachgeschossuhr.

4.4.2   Welle-Teilchen-Dualismus versus Wellen-Monismus

Es gibt zwar Arbeiten von Experimentiergruppen, die behaupten, „dass sie eventuell in der Lage wären, Superpositionen von unterschiedlichen Gravitationsfeldern herzustellen", entgegen der Hypothese von Penrose. Aber erstens ist überhaupt nicht klar, wo man diese „theoretischen Fakten" einbetten sollte, und zweitens ist es wohl ohnedies so, dass Penrose bisher keine vereinheitlichende Theorie für Gravitation und Quantentheorie vorgeschlagen hat, so dass man gar nicht weiß, wie seine Heuristik aus einer solchen Theorie folgen könnte.

Allerdings hat Penrose in seinem Modell eine *Verknüpfung* von Schrödinger-Gleichung und Kollaps angeregt, in der *Regel 1* und *Regel 2* in einem einzigen dynamischen Entwicklungsgesetz formuliert werden, das als Schrödinger-Newton-Gesetz bezeichnet wird. Konzentrierten wir uns auf Atome und Strahlung, simuliere dieses Entwicklungsgesetz die *QM*: „Das Superpositionsprinzip ist in guter Annäherung erfüllt. Die Wellenfunktion verhält sich wie eine Welle, und Regel

1 ist erfüllt. Schrödingers Gleichung für die Wellenfunktion wird dann für atomare Systeme erhalten."

Und wenn wir auf das makroskopische Bild blickten, werde eine Wellenfunktion beschrieben, die zu einzelnen Konfigurationen kollabiert und konzentriert ist. „Diese konzentrierten Wellenfunktionen verhalten sich wie Teilchen. Daher erhält man auf der makroskopischen Ebene Newtons Gesetze für die Bewegung von Teilchen."[27]

Smolin schreibt, dass Führungswellentheorie und spontane Kollapsmodelle den Realist:innen gute Wahlmöglichkeiten gegeben haben. Die Unterschiede seien zwar frappierend, aber die Gemeinsamkeiten wohl auch.

Innerhalb der Führungswellentheorie löst man das Messproblem allerdings souveräner, weil man über Welle *und* Teilchen verfügt. Der Preis, so wird häufig behauptet, sei die doppelte Ontologie mit einer schwer beherrschbaren Wucherung von leeren Wellenfunktionen – aufgrund von Wellenverzweigungen, die keine Teilchen enthalten.

Ich würde dieser Interpretation nicht zustimmen wollen, sondern stattdessen vorschlagen, dieses Problem ebenfalls im Dekohärenzrahmen zu lösen. Dabei könnte sich herausstellen, dass die Proliferationen (vor allem über große Entfernungen) nur theoretisch existieren – in der Wirklichkeit scheint es sie nicht zu geben. Ich würde das wieder damit begründen, dass es sich bei der Welle-Teilchen-Dualität um ein und dasselbe Quantensystem handelt – in dem der Dekohärenzeffekt (als echte Störung oder Zerstörung der Welle) dafür sorgt, dass sich die Wellenkomponente in der Praxis gar nicht so weit ausbreiten kann, wie theoretisch gefordert. Das hat auch damit zu tun, dass bei Quantenentitäten gar nicht genug Masse bzw. Energie für eine solche Ausbreitung vorhanden sein kann, wie sie theoretisch postuliert wird – mit Wellenfunktionen, die sich dann etwa auch über das

---

[27] *Quantenwelt*:192.

ganze Universum ausbreiten dürften. Das erinnert im Übrigen sehr an die ähnlich hypothetisch modellierten Verzweigungswucherungen der „vielen Welten".

Man könnte auf die Idee kommen, dass bei diesem Aspekt einfach nur eine weitere Vermischung mit reinen Wahrscheinlichkeitsüberlegungen vorliegt. Gar von einer Wucherung „leerer" Wellenanteile zu reden, halte ich für völlig verfehlt. Denn wenn irgendetwas tatsächlich (materie-)leer ist, dann gibt es dieses „etwas" schlicht nicht. So haben wir den emergenten (leeren) Raum nämlich inzwischen definiert im Unterschied zu *energie*gekrümmtem Raum. Wir wissen überdies, dass es keine Wellen gibt, die gar keine Energie tragen – das gibt es nicht einmal bei Bosonen (sie haben zwar keine Ruheenergie, aber immer Bewegungsenergie – ganz einfach, weil sie nicht in Ruhe sein können). Also gibt es in diesem Sinne keine „materieleeren" bzw. „masseleeren" Wellen. Sie dürften immer schon zu irgendeinem frühen Zeitpunkt durch Dekohärenz ausgebremst worden sein – spätestens aber beim Übergang von den Quantensuperpositionen zu makroskopischen Dingen.

4.5   Kausalmengen-Entwicklung in einem zyklischen Universum

Bevor wir zu den detailliert strukturierten *Energetischen Kausalmengen* von Smolin et al. kommen, möchte ich noch kurz auf einen äußerst interessanten Überblick von Rafael D. Sorkin zu den Kausalmengen-Modellen eingehen, die explizit auf *zyklische Kosmologie* abgebildet werden.[28]

---

[28]Rafael Sorkin, „Von der Ordnung zur Geometrie: Kausalmengen" in: Einstein Online Bd. 04 (2010), 01-1131. [Alle folgenden Zitate aus diesem Papier.] https://www.einstein-online.info/spotlight/kausalmengen/ Sorkin forscht schon seit geraumer Zeit an einer Quantengravitation im Rahmen von Kausalmengen. Er ist emeritierter Physikprofessor der Syracuse University im US-Bundesstaat

Er stellt sich im Wesentlichen ein Bojowald-Universum vor, in dem Expansion mit anschließender Kontraktion unseres (einen und einzigen) Universums sich permanent gegenseitig ablösen. Im Prinzip wird dieses Bild auch *ad infinitum* nicht ausgeschlossen (wie schon bei Bojowald selbst).

Der Autor nennt unseren modernen Wandel von kontinuierlicher (eher mathematischer) zu quantisierter (eher physikalischer) Raumauffassung in zwei Untertiteln: „Von der Ordnung zur Geometrie: Kausalmengen" und „Von Zeno zur Kausalmenge". Sorkin:

„Unter den verschiedenen Ansätzen für eine Theorie der Quantengravitation zeichnet sich das Kausalmengen-Modell zum einen durch seine logische Einfachheit aus, zum anderen durch den Umstand, dass es von vornherein von der Vorstellung einer aus endlich großen Bausteinen zusammengesetzten Raumzeit ausgeht."

Aus diesem einfachen Grundmodell wurde zunächst ein mathematischer Formalismus entwickelt, der auf die *Dynamik des sequentiellen Wachstums* abgebildet wird. Hier wird die bloße Kinematik (auch der speziellen Relativitätstheorie) verlassen, indem auch *Kräfte* – kosmologisch insbesondere die *Gravitation* – berücksichtigt werden, die in ihren Ereignissen bzw. Prozessen eben kausale Vorgänge *sind*. In diesem dynamisch-kausalen Bild ist dann ein gesamtevolutionärer Zeitpfeil unvermeidlich. Und der ist natürlich in allen kausalen Modellen erwünscht. Denn jede Idee davon, dass die Welt aus materiellen Prozessen besteht bzw. nichts nicht-dynamisch stillsteht, setzt ihn notwendig voraus.

Das Modell hatte nahezu von Anfang an überprüfbare Ableitungen zu bieten. Sorkin: Die interessanteste Vorhersage betreffe „Fluktuationen des Werts der so genannten kosmologischen Konstanten", die nicht im Widerspruch zu astronomischen Beobachtungen (ob nun vergangenen oder zukünftigen) stünden.

New York und des Perimeter Institute for Theoretical Physics in Waterloo, Canada.

Bernhard Riemann hatte im Zusammenhang von Überlegungen zur Dynamik der materiellen Realität schon 1854
die Idee zu einer gekrümmten Geometrie.

Einstein hat das später klar realistisch so moduliert, dass
die gekrümmte Geometrie erstens durch die Gravitationsenergie großer und auch kleiner Massen (in Form von Ster-
nen, Planeten, Asteroiden, Meteoriten – letztlich aller Mate-
rieobjekte) und zweitens durch die Gravitationsenergie der
dadurch gekrümmten Räume entsteht. Riemann hatte sich
aber vorher schon um eine Kritik des kontinuierlichen Entfernungsbegriffs verdient gemacht. Sorkin zitiert Riemann:

„Die Frage über die Gültigkeit der Voraussetzungen der Geometrie im Unendlichkleinen hängt zusammen mit der Frage nach
dem innern Grunde der Massverhältnisse des Raumes."

Es ging ihm also wohl von Anfang an sowohl um eine geeignete Beschreibung der *materiellen* Struktur des
Raumes als auch um eine geeignete Kritik des rein mathematischen Unendlichkeitsbegriffs (aus der Kontinuitätsvorstellung) in Bezug auf räumliche Entfernungen. In einem
kontinuierlichen – bzw. mathematisch „unendlichen" –
Raum weiß man ja in der Tat nicht einmal, wie man zu de-
finitiven Entfernungsangaben kommen soll. Riemann war
also hier wohl tatsächlich auch der Erste, der sich Gedanken machte über die Notwendigkeit *endlicher* Raum*elemente*
(heute würden wir sagen: quantisierter Raumatome), um
überhaupt zu Maßverhältnissen des Raumes gelangen zu
können. Er wusste, dass das mit der Kontinuumsvorstellung
der euklidischen Geometrie[29] – angewandt auf die räumliche Wirklichkeit – nicht zu machen war. Damit hätten wir
nämlich in der Tat einen *Zenon*-Raum, in welchem Achill –
der schnellste Mann der Welt – die Schildkröte nie einholen
kann. Das war im Übrigen gleichzeitig auch eine Korrektur

---

[29]„Das Kontinuum ist das Zusammengewachsene" (Eudoxos, Euklid).Die rein
mathematische Behandlung der sogenannten Kontinuumshypothese von Georg
Cantor betrifft nur Zahlenmengen – hilft uns hier also nicht weiter.

an seinen eigenen differentialen Ansätzen (was selten so erwähnt wird).

Riemann hatte argumentiert, dass bei einem diskreten
Raum jede abgeschlossene Region aus *endlich* vielen Elementen besteht. Sorkin zitiert Riemann:„Zerlegt man solch
eine Region in immer kleinere Teilregionen, ist nach endlich vielen Schritten die kleinste Teilstruktur erreicht." Ein derartiger
(diskreter) Raum enthält also immer schon „automatisch"
Informationen über seine endlichen Abmessungen – wie
Riemann bemerkte.

Ein geschlagenes Jahrhundert nach diesen Ein-
sichten übernimmt Einstein Riemanns Version einer
*nicht*euklidischen Geometrie in die *Raumzeit* seiner Gra-
vitationstheorie – der allgemeinen Relativitätstheorie. Und
auch Einstein hatte Zweifel, wie das mit kontinuierlichen
Differentialquotienten (in realistischem Modus) wohl
funktionieren soll. Einstein:

„Unter Diskontinuum-Theorie verstehe ich eine solche, in der
es keine Differentialquotienten gibt. In einer solchen Theorie kann
es nicht Raum und Zeit geben, sondern nur Zahlen (...) Besonders
schwer wird es sein, etwas wie eine raum-zeitliche Quasi-Ordnung
aus einem solchen Schema abzuleiten."[30]

Sorkin weist darauf hin, dass das, was Einstein *Dis-
kontinuum* nennt, bei Riemann als *diskrete Mannigfaltigkeit* auftaucht. Man könnte also durchaus der Meinung
sein, dass in diesen Überlegungen schon ein diskreter
Kausalmengen-Ansatz vorformuliert ist. Denn eine *kontinuierliche* Raumzeit als Differentialfunktion kann eben
nicht als Wirklichkeitsfunktion verstanden werden. Nur
aus der fundamentalen Wirklichkeitsebene einer diskreten

---

[30] Einstein in einem Brief an H.S. Joachim, 14. August 1954, Item 13-453, zitiert
in J. Stachel, „Einstein and the Quantum: Fifty Years of Struggle", in *From
Quarks to Quasars, Philosophical Problems of Modern Physics* (R. G. Colodny, ed.).
U. Pittsburgh Press 1986, S. 380–381.

Raumstruktur könnte man definitive Maßverhältnisse gewinnen – wie Riemann bemerkte.

Es ist also wohl so, dass man eine diskrete Raumstruktur (fundamental) benötigt, um eine emergente raumzeitliche Ordnung abzuleiten. Die Kausalmenge ist nun *explizit* eine solche Menge endlich abzählbarer Elemente bzw. Elementarereignisse. Und sie enthält damit (weil sie sich immer in einem evolutionären Gesamt*prozess* entwickelt) schon eine zeitliche Ordnung, die (grobkörnig) in Richtung Zukunft verläuft. Sorkin:

„Die punktartigen Ereignisse einer herkömmlichen Raumzeit sind in ein ausgefeiltes Beziehungsgeflecht eingebettet, das Informationen über Nachbarschaftsverhältnisse, Abstände und Zeiten umfasst."

– in einer Art mathematischer Überbestimmtheit bei physikalischer Unterbestimmtheit, wenn man nicht von Differentialgleichungen zu Differenzengleichungen übergeht, könnte man sagen. Die Beziehungen *zwischen den Elementarereignissen einer Kausalmenge* würden Mathematiker als Halbordnung (oder Quasiordnung) bezeichnen: „Für einige Paare von Elementen x,y (nicht für alle!) haben wir die Information, dass x vor y kommt oder, in anderen Fällen, dass x nach y kommt."

Physikalisch kann man diese Reduktion auf die klassischen Begriffe „vorher" und „nachher" abbilden. Hier scheint sich aber auch schon anzudeuten, dass wir es zumindest *emergent* mit scheinbarer Retro-Kausalität zu tun bekommen könnten.

5

Quantenmöglichkeiten

5.1 Dekohärenz ohne neue Wellenverzweigungen

In seinem Kap. 11 kritisiert Smolin den Begriff der *Dekohärenz* in der Viele-Welten-Version. In dieser Theorie gibt es weder objektive noch subjektive Wahrscheinlichkeiten, weil in ihren proliferativ definierten Wellenverzweigungen per definitionem *alles passiert,* was *möglich* ist. Als Extrembeispiel: Stirbt man in einer Wellenverzweigung („Welt"), lebt man in einer anderen weiter, weil eben buchstäblich alles passiert, was möglich ist. Hier werden Superpositionen zwar ebenfalls durch Dekohärenz gestört oder zerstört, aber dabei sollen sich sofort neue Wellenverzweigungen bilden.

Per definitionem geschieht es so, dass bei der Zerstörung *einer* Superposition *mehrere neue* entstehen. In einem derart potenten Möglichkeitsuniversum ist das ja auch nicht wirklich überraschend. Dieser Vorgang soll zu allem Überfluss bei *jeder* Wechselwirkung in unserem Universum entstehen – also auch bei *jeder* Teilchenkollision. Weil Teilchen hier aber

© Der/die Autor(en), exklusiv lizenziert an Springer-Verlag GmbH, DE, **113** ein Teil von Springer Nature 2023
N. H. Hinterberger, *Der Realismus - in der theoretischen Physik*, https://doi.org/10.1007/978-3-662-67695-0_5

eigentlich gar nicht nichtüberlagert existieren können (es gibt jedenfalls resultativ nur Superpositionen, auch eine für das ganze Universum), wird die Definition des Teilchenbegriffs von H. D. Zeh in der Schwebe gehalten (jedenfalls könne es „kein Teilchen im üblichen Sinn" sein).[1]

Smolin versucht in seinem Ansatz, die subjektivistischen Wahrscheinlichkeits-Begriffe sauber von einem konsistenten objektiven zu unterscheiden. In der Viele-Welten-Theorie ist das aber schon logisch unmöglich und auch nicht erwünscht. Denn *jede* Möglichkeit existiere in einer eigenen Wellenverzweigung, so als würde sich die makroskopische Welt genauso verhalten wie die möglichkeitsdispositiv überlagerte Quantenwelt. Und deshalb wird von Zeh die makroskopische Betrachtung unseres Universums schlicht gestrichen (bzw. als jeweils – für *jede* der vielen Welten – subjektiv eingeschätzt). Nur mit einem Blick aus der „Vogelperspektive" über alle Welten gleichzeitig könne man Objektivität in der Beschreibung zurückerlangen). Daraus (also aus einem Universum, in dem es nur Quantenüberlagerungen gibt) folgt nun aber eben, dass alles mit *Notwendigkeit,* also mit $P = 1$ stattfindet. Alle diese Welten gelten überdies als kausal unverbunden (obwohl sie definitorisch in ein und demselben Universum angesiedelt sind). Damit ist die Theorie schlicht unüberprüfbar, um das wenigste zu sagen.

Der Hauptfehler in diesem Ansatz scheint zu sein, dass *Möglichkeitsexistenzen* (die es auf Quantenskalen überlagerungsspezifisch durchaus zu geben scheint – siehe Smolins Definitionen unten) bei den „Viel-Weltlern" gewissermaßen übergangslos auch für makroskopische Skalen gelten sollen (siehe bspw. die Kopien der eigenen Person in verschiedenen Welten mit je alternativen Lebensläufen).

---

[1] H. Dieter Zeh, *Physik ohne Realität – Tiefsinn oder Wahnsinn?* – Springer, 2012. Ich sollte vielleicht anmerken, dass ich dieses Buch *seinerzeit* nichtsdestoweniger – vor allem als Kritik am Antirealismus – sehr genossen habe.

Die ursprüngliche Fassung von Hugh Everett III wurde im Übrigen nicht nur von „magischen Realisten", sondern auch von epistemologischer (bzw. nicht ontologischer) Seite, nämlich von John Wheeler und Bryce deWitt für stark idealistische Positionen zu Rate gezogen.[2]

Bei der Frage, welches Verständnis Realist:innen in Bezug auf den Wahrscheinlichkeitsbegriff bevorzugen sollten, greift Smolin auf eine Vorstellung von objektiver Wahrscheinlichkeit zurück, die wir schon Karl Popper verdanken.[3] Es geht um den (oben schon behandelten) Begriff der *Propensität* im Sinne einer objektiven bzw. den jeweiligen Naturprozessen intrinsischen *Verwirklichungstendenz*.

Nur *diese* Wahrscheinlichkeitsauffassung verträgt sich nämlich mit Kausalität. Und dieses Verständnis investieren *Realist:innen* auch in die Interpretation der Born'schen Hypothese bzw. der Born'schen Regel $| \psi |^2$. Max Born, als Vertreter der Kopenhagener (oder besser: Göttinger) Schule, hatte sich auf eine rein probabilistische Interpretation zurückgezogen. Bei ihm sollte $| \psi(r, t) |^2$ bzw. $| \psi |^2$ als reine *Wahrscheinlichkeits*dichte $\rho(r, t) = | \psi(r, t) |^2$ interpretiert werden. Nun kann man zwar Letztere aus einer Propensitätsinterpretation – als *Verwirklichungs*dichte $\rho(r, t)$ etwa – ableiten, aber nicht umgekehrt. Wir haben das schon erwähnt. Dabei fällt vielleicht auch auf: Nur die Propensitätsinterpretation der Wahrscheinlichkeit kann als *Erklärung* für die bestechende Voraussagekraft der *Regel 2* dienen.

---

[2] Gegenwärtig wird sie außerdem wieder – in recht unterschiedlichen Ansätzen – ausgehend von der sogenannten „Oxforder Interpretation" vertreten. Heinz Dieter Zeh, Woiciech Zurek, Murray Gell-Mann, James Hartle, David Deutsch u. a.

[3] – ohne das indessen wohl zu wissen, denn er erwähnt ihn nicht in diesem Zusammenhang. *Quantenwelt*:220.

5.1.1 Das Prinzip kausaler Vollständigkeit

Im Folgenden sehen wir uns Folgerungen Lee Smolins aus einer kleinen Sammlung von Prinzipien und Hypothesen an, die von ihm für eine *neue Theorie* vorgehalten wurden, welche per *kausaler Vollständigkeit* über die bisherigen realistischen Ansätze hinausgehen könnte. Denn weder die Führungswellentheorie bzw. die verschiedenen Versionen der De-Broglie-Bohm-Theorie (im engeren Quantenbereich) noch die Relativitätstheorie oder die *Loop Quantum Gravity* plus *Loop Quantum Cosmology* zeigen sich – im quantenkosmologischen Bereich – *in ihren bisherigen Formulierungen* in der Lage, *allein* bzw. *nicht modifiziert* alle Probleme einer ja von den Realist:innen ganz allgemein angestrebten *kausalen Vollständigkeit* zu lösen. Eine Reihe eher fachspezifischer Arbeiten dazu – auf hohem technischen Niveau – werden wir dazu weiter unten referieren.

Hier sind Smolins Prinzipien:

1. Das Prinzip der Hintergrundunabhängigkeit
2. Das Prinzip, dass Raum und Zeit relational sind
3. Das Prinzip der kausalen Vollständigkeit
4. Das Prinzip der Reziprozität
5. Das Prinzip der Identität des Ununterscheidbaren[4]

Smolin betont, dass alle fünf Prinzipien als Aspekte des Leibniz-Prinzips des *zureichenden Grundes* (im *dynamisch kausalen* Verständnis) betrachtet werden können. Das Leibniz-Prinzip kann man auf diese Art als Rationalitätsprinzip verstehen, das uns immer weiter nach vollständi-

---

[4] *Quantenwelt*:302. Ich hatte schon in meinem [2019] zu diesen Prinzipien und Hypothesen in Lee Smolins Buch *Einstein's Unfinished Revolution – The Search for what lies beyond the Quantum*, Penguin Press, New York, 2019 (dem englischen Original von *Quantenwelt*) referiert. First published by Allan Lane, UK 2019. Hier möchte ich nur auf bestimmte Folgerungen aus *fundamental* angenommener Zeit und *emergentem* Raum eingehen.

ger Kausalität, geeigneter Hintergrundunabhängigkeit, dynamischer Relationalität und Wechselwirkung suchen und uns dabei (mit dem logischen Regulativ der Identität des Ununterscheidbaren) auf die Individualität aller Teilchen- bzw. Materie-/Energieprozesse im globalen Zeitpfeil achten lässt. Leibniz' Rationalitätsprinzip beansprucht also, „dass das Universum sich völlig verstehen lässt" – zumindest *prinzipiell*.

Zur Relationalität schreibt Smolin, dass absolute Positionen keinen Sinn ergeben – was er später auf die Emergenz des Raumes abbilden wird. (Den emergenten Raum kennen wir im Übrigen schon von Leibniz, allerdings muss man wohl zugeben, dass Leibniz ihn – ähnlich wie Kant – auch in stark idealistischer Manier als bloße Ordnungsstruktur unserer Erkenntnis betrachtet hat, ebenso wie seine berühmten „Monaden" übrigens.)

Damit geht es aber auch der relativistischen *Raumzeit* Einsteins (zumindest fundamental betrachtet) an den Kragen, weil sich hier nicht nur der Raum, sondern auch die *Zeit* prinzipiell geschwindigkeitsrelativ gegenüber beschleunigten Beobachtern zeigt. Anders gesagt, Raumzeit als Gesamtheit ist bei Einstein halb konventionell formuliert und deshalb ebenfalls als emergent zu betrachten. Das Photon hat überdies (aufgrund seiner Geschwindigkeit c) sozusagen nur noch Raum und keine Zeit mehr zur Verfügung (man sagt auch, die Eigenzeit des Photons – im Vakuum – bleibt prinzipiell „stehen"). Für uns (als Lebewesen) verhält es sich nahezu umgekehrt, wir dehnen uns ungleich mehr in der Zeit aus als im Raum. Man spürt natürlich, dass in objektiver Hinsicht irgendetwas fehlt in diesen Beschreibungen.

Eine gut angenäherte Beschreibung des neuen, aber unvermeidlichen Begriffs der Nonlokalität muss uns hier weiterhelfen. Aber die haben wir bisher eigentlich erst auf trivialer Ebene für Wellen – hier ist Nonlokalität beliebiger

Superpositionen und auch die einzelner Wellen insofern trivial, als sie nicht mal an einem bestimmten Ort sein *können*, wie etwa Teilchen. Sie *müssen* sich stattdessen (auch als „stehende Welle") überall hin verteilen, „wo nichts im Weg steht" sozusagen. Sie können völlig problemlos wechselwirken ohne irgendwo Überlichtgeschwindigkeit zu benötigen. Im Rahmen der Einstein-Lokalität von Wechselwirkungen ist das also nichts, was auf irgendeine Weise unklar wirkt. Mit echter Nonlokalität meinen wir deshalb auch etwas anderes, denn hier kommt der Begriff des Instantanen ins Spiel.

Einer *Teilchen*wechselwirkung sprechen wir gewöhnlich Lokalität im engeren Sinn zu. Deshalb ist non-lokales Verhalten von Teilchen – im Falle einer *Verschränkung* (insbesondere über große Entfernungen) – schwer zu fassen und folglich schwer korrekt zu beschreiben. Eine überzeugende Erklärung für Verschränkungszustände im allgemeinen und besonders für Verschränkungs*prozesse* von Teilchen *im Zeitpfeil* der Expansion (oder auch der Kontraktion) des Universums, mit der alle Kommentator:innen glücklich wären, fehlt bislang.

Man kann aber vielleicht einige Hoffnung auf eine geeignete Weiterentwicklung der oben erwähnten Ideen von Penrose und Smolin setzen: Verschränkung und Mach-Prinzip (die über die allgemeine kosmologische Beschleunigung reformierte Massenträgheit) aufgrund universell vernetzter Gravitation (bzw. Gravitationsbeschleunigung) im gesamten Universum könnten in einer vereinigten Beschreibung aufgehen.[5]

---

[5]Zur Erinnerung, Ernst Machs kosmologische Gesamtbeschleunigung als Trägheitserklärung (ohne bzw. nur mit emergentem Raum): „Statt nun einen bewegten Körper K auf den Raum (auf ein Koordinatensystem) zu beziehen, wollen wir direkt sein Verhalten zu den Körpern des Weltraumes betrachten, durch welches jenes Koordinatensystem allein bestimmt werden kann." Und wir erkennen, dass „sowohl jene Massen, welche nach der gewöhnlichen Ausdrucksweise Kräfte aufeinander ausüben, als auch jene, welche keine ausüben, zueinander in ganz gleichartigen Beschleunigungsbeziehungen stehen, und zwar kann man alle Massen als

Für eine geeignete Definition von Nonlokalität – im Rahmen der Mach'schen Trägheitsabhängigkeit durch universell wechselwirkende Beschleunigung der Massen – stehen Raum- und Entfernungsbegriffe also regelrecht im Weg, könnte man sagen.

Warum klingen „absolute" Positionen immer ein bisschen hilflos? Das liegt nicht einfach nur daran, dass wir sie in der Praxis immer nur relativ (zu anderen Positionen) bestimmen können, weil uns der Kosmos nicht vollständig zugänglich ist (bzw. nur bis zu lichtartigen Entfernungen). Nein, man muss darüber hinaus zugeben: Von einer *fundamentalen* energetischen Prozessauffassung der materiellen Wirklichkeit und vom universellen Wellencharakter aller Materie und all ihren dynamischen Wechselwirkungen her ist es nicht möglich, sinnvoll von einem „absoluten Ort" (an dem sich ein bestimmtes Materieobjekt „aufhielte") oder von absolutem Raum oder eben absoluten Entfernungen zu reden.

Materie hält sich deshalb nicht an einem bestimmten Ort auf, weil sie „ständig unterwegs" ist, könnte man vereinfacht sagen. Dasselbe gilt aber für Raum, der etwa Gravitationsenergie speichert und deshalb ebenfalls als Materie betrachtet werden muss. Das wäre die einzige nicht emergente Modellierung von Raum.

Noch allgemeiner könnte man aber vielleicht sagen: Was nicht miteinander wechselwirkt, kann auch nicht in einer fundamentalen Relation zu *was auch immer* stehen. Damit sind auch Verschränkungen, nicht als emergente Korrelationen, aber als fundamentale Wechselwirkungen ausgeschlossen. Nichtkausales kann im Wesentlichen nur einen *konventionellen* Koordinatenraum ergeben, den *wir* für Orientierungszwecke verwenden. Er ist deshalb, sozusagen „ohne Kontakte" – und in diesem Sinne ohne direkte

---

untereinander in Beziehung stehend betrachten." (Ernst Mach: Die Mechanik in ihrer Entwicklung, Brockhaus, 1921:227–235).

Wechselwirkungen mit Energie-/Materieprozessen – alles andere als fundamental.

Das war (ungeachtet seines sonstigen, recht weitreichenden Antirealismus) Ernst Machs Punkt – im Rahmen seiner Umdeutung der Newton'schen Trägheit zu kosmologischen Beschleunigungen durch alle Schwerefelder aller Massen (universell reziprok) im gesamten Universum. Der emergente Raum taucht also nicht erst in der Einstein-Raumzeit auf. Einstein konnte Machs Materie-/Energierelationalismus dann bekanntlich sehr fruchtbar weiterentwickeln in seiner Idee der universellen Gravitationsbeschleunigung.

Alle Materie bewegt sich *immer:* ob nun annähernd translativ (fern von anderen Massen/Energien), in Rotation, in Oszillation oder durch gleichmäßige oder ungleichmäßige Beschleunigung. Das ist uns empirisch gegeben. Allein daraus lässt sich schon panta rhei *ableiten* – also kein „ruhendes" *Sein.*

Aus all dem erfahren wir auch, dass Materie-/Energieprozesse nicht mit *leerem* Raum wechselwirken – also auch nicht physikalisch sinnvoll auf einen „bestimmten Ort" im leeren Raum bezogen werden – können. Sie können nur mit anderen Massen oder anderen gravitationsenergetisch gekrümmten Räumen in *Kausal*-Relationen stehen. Gravitativ gekrümmte Räume stellen ebenfalls Energie- bzw. Materieentitäten dar, die ihrerseits wechselwirken mit allem, was an Materie/Energie und anderen gekrümmten Räumen existiert, aber sicherlich nicht mit „leerem" Raum.

Zu *Geschwindigkeiten* (verstanden als absolute, also nicht-relative oder nicht-relationale) kann man bemerken: Prozesse oder Ereignisse (als extrem kurze Prozesse gewissermaßen) sind, wenn man auf leeren Raum in der Beschreibung verzichten will, tatsächlich nur *dynamisch* relational zu anderen Prozessen oder Ereignissen zu bestimmen – und das dann also in Wechselwirkungsprozessen, die natürlich immer wenigstens ein „bisschen" Zeit im globalen Zeitpfeil verbrauchen.

Für die Geschwindigkeiten der Veränderung von Quantenzuständen, die in größere Prozesse involviert sind, gilt folglich dasselbe. Schon von daher verbietet sich also der Begriff der absoluten bzw. nicht relationalen Geschwindigkeit von was auch immer. Aber wir können andererseits Relativgeschwindigkeiten auch nicht in herkömmlicher Form beschreiben, denn nicht-relativistische Geschwindigkeiten v, so wie auch relativistisches c, werden bekanntlich beide in m/s angegeben – also in *Meter* pro Sekunde: was einen absoluten Entfernungsbegriff und damit einen absoluten Raumbegriff involvieren müsste.

Selbst die *Lichtgeschwindigkeit* ist (außerhalb des Vakuums) nicht absolut bzw. konstant, es gibt für sie nur eine konstante *Obergrenze* als absolute Geschwindigkeitsbegrenzung in unserem Universum. Aber sie variiert ja nach unten, abhängig vom bzw. *relativ* zum Medium, das die Photonen durchqueren. Die „konstante Vakuumgeschwindigkeit" ist dagegen eine Idealisierung. Denn ein echtes (also reines) Vakuum gibt es weder in der Natur, noch kann man es im Labor herstellen.

Ein *falsches* Vakuum kann man dagegen im Labor herstellen. Völlig „leerer" Raum wird gewöhnlich als „echtes" Vakuum (ohne Masse/Energie bzw. ohne Teilchen) aufgefasst. Julian Schwinger hat aber schon vor etwa 70 Jahren vorausgesagt, dass wir – mit an beliebigem „leeren" Raum angelegten starken elektrischen oder magnetischen Feldern – Teilchen aus diesem also erzeugten *falschen* Vakuum gewinnen können (nicht etwa „aus dem Nichts" – wie man bisweilen auch immer noch hören kann). Man kann im Zusammenhang des sogenannten Schwinger-Effekts beobachten, wie Teilchen-Antiteilchen-Paare aus diesem – dann elektrische oder magnetische Energie tragenden – Vakuum fluktuativ auftauchen.[6] Das wird auch gestützt durch die Heisenberg'sche Energie-Zeit-Unschärferelation. Aus ihr folgen Energiefluktuationen im Vakuum durch ständige virtuelle Teilchenerzeugung *und* -vernichtung. Deshalb ist uns in der gesamten Wirklichkeit nur ein sogenanntes falsches Vakuum gegeben.

Sehen wir uns nun auch den *Zustandsbegriff* noch mal etwas genauer an: Wenn wir einen bestimmten Zustand in einer Zustandsgleichung etwa „einfrieren", haben wir nur so etwas wie einen *mathematisch* absoluten Wert durch einen als Stillstand idealisierten Prozessausschnitt. Aber diesen Prozessausschnitt müssen wir ja – in der evolutiven Wirklichkeit – wenigstens als *Ereignis* betrachten und zugeben, dass auch jedes Ereignis *seine Zeit* braucht, also auch seine ganz individuelle Geschwindigkeit *abhängig* von der Prozessgeschwindigkeit, aus dem das Ereignis stammt.

Anders gesagt: In der Realität gibt es keine absolute Bewegungslosigkeit. Anderenfalls gäbe es auch eine absolute Geschwindigkeit für diese „Parmenides-Entität", nämlich die Geschwindigkeit *null* Meter pro Sekunde.

Auch Ruhemassen von Fermionen werden ja nur errechnet, sie können nie erreicht werden, weil Materieteilchen mit ihrer Ruhemasse größer null, auch wenn sie nicht pro-

---

[6]In neuesten Experimenten des National Graphene Institutes der University of Manchester konnte kürzlich offenbar ein Schwinger-Effekt (den man sonst nur auf kosmologischer Skala kennt) im Labor erzeugt werden („Cosmic physics mimicked on table-top as graphene enables Schwinger effect"). Das ging anscheinend folgendermaßen: „By applying high currents through specially designed graphene-based devices, the team – based at the National Graphene Institute – succeeded in producing particle-antiparticle pairs from a vacuum." Dazu benötigt man offenbar Feldstärken, wie sie in der Nähe von Magnetaren oder auch bei hochenergetischen Kollisionen geladener Kerne auftreten. Mit dem Material *Graphen* ist es anscheinend gelungen, den Schwinger-Effekt auch im Labor herzustellen, durch Produktion von Elektron-Positron-Paaren (datiert: 28. Januar 2022). Als 2-D-*Graphen* bezeichnet man einlagig wabenförmig angeordnete Kohlenstoffatome, die als zugfester als Stahl und elektrisch leitend beschrieben werden. Sie sind fast durchsichtig. Quelle: https://www.weltderphysik.de/gebiet/materie/graphen/ueberblick-graphen/.

pagieren, immer Energie besitzen (nämlich Oszillationsenergie, gleichgültig ob man das als „stehende" Welle oder zitterndes Teilchen beschreiben möchte) – und die kann man
umrechnen in Temperatur. Das heißt, Materie bzw. ihr Energieäquivalent zittern bzw. oszillieren in der Realität immer
ein bisschen herum, so dass null Grad Kelvin für Teilchen
bzw. Wellen nie *ganz* erreicht wird. Und Bosonen hätten
(nach der Theorie) zwar eine Ruhemasse null, wenn sie „stehenbleiben" könnten, aber das können sie eben nicht – selbst
wenn sie nicht propagieren, sondern sich in einem mikroskopischen Quantenzustand (wie etwa dem Bose-Einstein-
Kondensat oder ähnlichen Quantenfallen) befinden. Denn
sie werden hier zwar abgehalten von ihrem *üblichen* Bewegungszustand, aber nicht von den Oszillationsbewegungen
ihrer Eigenenergie, die als Temperatur über null Kelvin liegen muss.

Und zum „absoluten Ort" kann man noch hinzufügen:
In einer hintergrundunabhängigen Theorie – bestes Beispiel
dafür ist schon die allgemeine Relativitätstheorie – sorgt die
Dynamik energetischer Räume (in der Nähe großer Massen)
zusammen mit dieser Materie dafür, dass es keinen absoluten
Ort geben kann, denn wir haben den Raum hier eben nicht
als „stehenden" Hintergrund, also als „absoluten Raum",
sondern in seiner Eigenschaft als relationale Energieentität
und damit als einen Akteur unter anderen in dieser Materiewelt. Und nur dieser „gekrümmte Raum" wird bei Einstein
verhandelt. Der leere Raum wird gar nicht angesprochen.

Mit diesem wohl zu recht ignorierten leeren Raum verschwinden dann auch traditionelle Entfernungsbegriffe im
Nirwana der Koordinatenangaben. Letztere haben zwar gewöhnlich ihren emergenzpragmatischen Orientierungswert,
aber für eine *fundamentale* Beschreibung der evolutionären
Materie-/Energieprozesse unserer Welt sind sie sicherlich
verzichtbar.

In der *Loop Quantum Cosmology (LQC)* von Martin Bojowald wird es noch ungemütlicher für „absolute Orte", denn
hier (in einem zyklischen Universum) kann der Raum in der
Expansion (regelrecht Raumatom für Raumatom) *entstehen*
und (in der Kontraktion) auch wieder *abgebaut* werden –
was wohl als eines der eindrucksvollsten Bilder für die Emergenz des Raumes gelten könnte. Anders gesagt, leerer Raum
wird im Zeitpfeil nicht erhalten – wie etwa Energie oder
Impuls.

Auch bei quantenmechanischen *Verschränkungen* auf
kosmologischer Skala ist von Smolin deshalb ein rein
emergentes Bild vorgesehen. Er geht hier von einem
quantengravitativen Ursprungszustand ohne Raum aus. So
können nonlokale Verschränkungen – über große „Entfernungen" zu späteren Expansionszeiten des „Raumes" – widerspruchsfrei in der Emergenz verbleiben. Denn sie *werden*
ja erst nonlokal im Laufe der Expansion. Daraus kann man
ableiten, dass sie in einer kontraktiven Phase wieder lokal
werden können – sofern sie sich nicht anderweitig aufgelöst
haben.

In unserem Universum (in dem sich – etwas überspitzt gesagt – „alles um alles dreht") kann es keinen Ruhezustand für
welche Materie/Energie auch immer geben. Anders gesagt,
es gibt keinen „absoluten Ruheraum" und keine „absolute
Ruhematerie" in ihm. Man könnte dazu in einer Erweiterung Heraklits sagen: Man kann nicht nur nicht zweimal in
dasselbe Universum steigen, man kann es auch nicht zweimal als derselbe tun. Aber Heraklits „alles fließt" bzw. „alles
wird" impliziert diesen Zusatz ja genau genommen schon.[7]

---

[7]Glaubt man der jüngeren philosophischen Forschung auf diesem Gebiet, sei das
übrigens ein erst von Simplikios explizit so formulierter Sinnspruch. Ich persönlich halte insbesondere die Deutung, dass diese Aussage auch schon „von Platon
im Dialog Kratylos" (Wikipedia, unter *panta rhei*) nahegelegt worden sein soll, für
hochgradig implausibel, denn Platon hat ja (ähnlich wie Parmenides) ansonsten
in seiner idealistischen Ontologie (durchgehend) das ganze Gegenteil vertreten:
nämlich unveränderliche, unbewegliche bzw. perfekte „Ideen" im Himmel, als

Smolin schlägt im Zusammenhang der fünf Prinzipien (oben) nun drei Hypothesen vor:

„Die Zeit, und zwar im Sinne der Verursachung, ist fundamental. Das bedeutet, dass der Prozess, durch den zukünftige Ereignisse aus gegenwärtigen Ereignissen hervorgehen, fundamental ist." Aus dieser Formulierung geht hier klar hervor, dass die Zeit in Ereignissen bzw. kausalen Prozessen intrinsisch sein muss – bei anderen Gelegenheiten formuliert er die Zeit manchmal ein bisschen „nackt" als Verursacher der Ereignisse. Wir kommen noch dazu. Dann sagt er: „Die Zeit ist irreversibel." Damit meint er aber nur den globalen Zeit*pfeil*. Allerdings wird das auch in der folgenden Bemerkung klar:

„Der Prozess, durch den zukünftige Ereignisse aus gegenwärtigen Prozessen entstehen, kann nicht rückwärts laufen. Sobald ein Ereignis geschehen ist, kann es nicht ungeschehen gemacht werden."[8]

Außerdem wird jetzt noch einmal festgehalten, dass es *fundamental* keinen massefreien bzw. leeren Raum gibt, sondern nur Energie-Impuls-Ereignisse, die wechselwirken. Sie bilden ein Wechselwirkungsnetzwerk aus kausalen Beziehungen im Zeitpfeil.

„Der Raum entsteht als eine grobkörnige und angenäherte Beschreibung des Netzwerks aus Beziehungen zwischen Ereignissen."[9]

Urbilder aller Entitäten, die sich auf Erden dann nur noch zum Schlechteren verändern können – vermutlich, weil und wenn die Menschen sie in die Finger kriegen (das zieht sich durch all seine Texte). Platon war ja der Seins-Philosoph schlechthin – und mit dieser Ideenlehre klarerweise der Vater des Idealismus bzw. des idealistischen Rationalismus. Er hat die Erkenntnistheorie – wie man an seiner Ideenlehre in irdischen Belangen exemplarisch sieht – allerdings auch gerne moralisch-positivistisch mit Normativismus vermengt. *Da* „wird" dann tatsächlich etwas – aber eben nur rein subjektiv moralistisch – zum Schlechteren. Er hat in diesem Zusammenhang insbesondere Heraklits Evolutionsgedanken vom immerwährenden Werden in dessen klar antinormativem Erkenntnismodus überhaupt nicht verstanden. Und da Simplikios ein Neuplatoniker war, scheint mir eine evolutionäre Rezeption bei jenem ebenso wenig anzunehmen.

[8] *Quantenwelt*:305.

[9] *Quantenwelt*:306.

Und in einer Fußnote schreibt er noch:

„Ein Ereignis kann von einem zweiten Ereignis, das die Wirkung des ersten umkehrt, gefolgt werden, aber dann haben wir zwei Ereignisse; das ist nicht äquivalent zu einer Raumzeit, in der keines von beiden geschah."[10]

Insbesondere „hebt" das zweite Ereignis das erste also nicht „auf", vorgestellt etwa als Zeitumkehr in einer unschlüssigen Form von Rückwärts-Kausalität, die eine entsprechende Vorwärtskausalität etwa „rückgängig" machte oder „löscht". Richtig verstanden entsteht einfach nur ein *weiterer Wirkungsweg,* der nun noch einmal *energetisch* andersherum verläuft, zu späterer Zeit, also in einem ganz anderen Prozess. Dabei kehrt die Zeit aber mitnichten um – der Zeitpfeil bleibt irreversibel. *Dabei* handelt es sich also einfach nur um einen *zweiten* Wirkungsweg im unveränderten Zeitpfeil. Man sollte das also nicht mit *emergenter* „backward causality" verwechseln. Die lernen wir gleich noch kennen. Sie kann in den Zeitpfeil gewissermaßen „Zickzack"-Strukturen einbauen, aber auch die können ihn nicht wirklich umkehren. In diesem Zusammenhang wurde von Smolin et al. (unten) konsistent erarbeitet, dass Naturprozesse *fundamental* in jedem Fall durch einen *irreversiblen* Zeitpfeil beschrieben werden müssen.

5.1.2 Unterschiedliche Modi von Kausalität

Das Neue an diesem jüngsten Ansatz ist, dass die Relativitätstheorie nichtsdestoweniger als effektive Theorie mit klassisch zeit*symmetrischen* Effekten *abgeleitet* werden kann, um auch großskalige Phänomene passend zu *dem* beschreiben zu können, was wir sehen (etwa Einsteins experimentell

---

[10] *Quantenwelt*:305.

gesicherte Zeitverzögerungen in beschleunigten Uhren).
Es gibt hier drei Vorschläge, mit Kausalität bzw. Retro-
Kausalität widerspruchsfrei umgehen zu können. In aller
Kürze:

Aus einer bestimmten Klasse *energetischer Kausalmengen*
(ECS) ließ sich – übrigens unerwartet, wie die Autor:innen
berichten – eine neue Form von retrokausalem Verhalten
ableiten, das offenbar in diskreten Mengen von kausal verknüpften Ereignissen auftritt. Insgesamt ergeben sich daraus
deutlich unterschiedene Formen von Kausalität, die in drei
Ordnungen beschrieben werden:

Es gibt (1) eine sogenannte „Geburtsordnung", eine Reihenfolge, in der Ereignisse prozessual unumkehrbar erzeugt
werden. Sie werden als diskrete Mengen von Ereignissen beschrieben, welche durch zeitpfeil*irreversible* kausale Relationen verbunden sind. Nur diese Mengen werden als „wahre"
Kausalordnung betrachtet. Dann gibt es (2) eine *dynamische
Teil*ordnung, welche die mikroskopischen Energie- und Im-
pulsflüsse zwischen Ereignissen enthält. Außerdem gibt es
(3) eine emergente geometrische Minkowski-Raumzeit, in
die die Ereignisse der Kausalmengen nur in Form einer sogenannten „ungeordneten" Kausalität eingebettet werden
können:

„However, the embedding of the events in the emergent Min-
kowski spacetime may preserve neither the true causal order in
(1), nor correspond completely with the microscopic partial order
in (2). We call this disordered causality, and we here demonstrate
its occurrence in specific ECS models."[11]

Die Autor:innen haben sich nun die Frage gestellt, ob man
wenigstens *emergente* Verstöße gegen die Kausalität akzep-
tieren kann, um den *fundamentalen Realismus* in der Quan-
tenkosmologie stärken zu können. Schon im ersten Teil ihrer

---

[11]Letzteres wird schon im *Abstract* folgender Team-Arbeit angesprochen: Eliahu
Cohen, Marina Cortês, Avshalom C. Elitzur, Lee Smolin; *Realism and Causality
II*: *Retrocausality in Energetic Causal Sets*, arXiv:1902.05082v3[gr-qc] 1. Nov
2020.

Arbeit *(Realism and Causality I)* sind anscheinend die obigen Ergebnisse aufgetaucht. Im zweiten Teil wird auch ein explizites *ECS*-Modellbeispiel für das klassische Regime gegeben, in dem die Kausalität „ungeordnet" ist.

Das Ganze ist nun zwar eindeutig als *Verstärkung* des Realismus gedacht, so dass die Aufgabe des Determinismus, die in diesem Zusammenhang ebenfalls als erforderliche Konsequenz gesehen wird, als das weniger schmerzliche Opfer erscheint. Der Realismus wird also von allen Beteiligten weiterhin zu Recht als das höchste Gut gesehen.

Wenn man sich unschuldig fragt, ob ein *Determinismus mit größeren Freiheitsgraden* vielleicht ausreichen könnte, um das Problem zu lösen, anstatt zwingend zu einem kompletten Indeterminismus überzugehen, fällt allerdings unmittelbar auf, dass eine solche Projektion nicht auf Smolins *quantenmechanisch* allgemein verstandene *intrinsische Möglichkeits*superpositionen abzubilden wäre.

Kurz gesagt: Der komplett deterministische Rahmen, der von Smolin und Cortês zuvor in einer Duo-Arbeit vorausgesetzt wurde, lässt sich in dieser feingeschliffenen Team-Diskussion nicht mehr aufrechterhalten. Wir werden die Duo-Arbeit trotzdem (unten) referieren, weil hier der Grundgedanke der Evolution kausaler Mengen sehr klar entwickelt wurde.[12]

5.1.3 Der materialistische Zeitpfeil

Um mit Smolins – aus den Prinzipien abgeleiteten – *Hypothesen* weiterzumachen: Zur *ersten Hypothese*: „Die Zeit, und zwar im Sinne der Verursachung, ist fundamental"[13] würde ich alternativ sagen wollen, der Prozess (= Ereignis *X* wirkt kausal auf Ereignis Y) sollte generell als

---

[12]Marina Cortês, Lee Smolin – arXiv:1308.2206v2, 2015.

[13]*Quantenwelt*:305.

evolutionärer Energie-/Materieprozess *in seiner Rolle als Verursacher des Zeitflusses ganz vorn in der Hypothese stehen*, nicht einfach die „nackte Zeit" als Verursacher (auf diese Art vielleicht nicht ungefährlich idealistisch anmutend). So klingt auch die zweite Hypothese („Die Zeit ist irreversibel") stabiler, denn es ist klar, dass Energie-/Materie- bzw. Energie-Impuls-Prozesse irreversibel sind – und mit ihnen dann eben auch der *prozessual innewohnende* Zeitfluss.[14] *Panta rhei*, alles fließt[15], also auch die Zeit – allerdings resultativ (bzw. in der Summe) immer *vorwärts* getrieben durch die unumkehrbaren *evolutionären Kausalprozesse*. Dann weiß man, warum man sagt: „Time ticks forward", wie Marina Cortês das unlängst (hinsichtlich des universellen *Werdens* – anstatt eines parmenidischen Seins) hinreichend lässig ausgedrückt hat (in einem YouTube-Video am Fuße des Mount Everest, den sie am nächsten Tag auch tatsächlich erklommen hat!).

Ich denke, so schützt man sich von vornherein vor dem Hineinlesen von Zeitsymmetrien in die echten, *evolutionären* Kausalprozesse. Denn die emergenten Zeitsymmetrien werden *in der klassischen Physik* bzw. in deren

---

[14] Dass Smolin eigentlich genau dasselbe *meint*, haben wir oben schon gesehen und sehen wir hier noch einmal an der dem ersten Zitat nachfolgenden Bemerkung. Da sagt er, es bedeute, dass der „Prozess, durch den zukünftige Ereignisse aus gegenwärtigen Ereignissen hervorgehen, fundamental ist." Dieser Prozess ist aber eben ein Energie-Impuls-Prozess. Anhand der Bemerkungen die sich dem zweiten Zitat anschließen, wird noch deutlicher, dass er genau die Reihenfolge *meint*, die ich hier beschrieben habe. „Der Prozess, durch den zukünftige Ereignisse entstehen, kann nicht rückwärts laufen. Sobald ein Ereignis geschehen ist, kann es nicht ungeschehen gemacht werden." Genau daraus kann der irreversible Zeitpfeil folgen, nicht umgekehrt. – *Quantenwelt*:305.

[15] Bei Lee Smolin gilt *panta rhei* ja sogar für die Naturgesetze selbst, wie wir weiter unten sehen werden. Und das ist auch plausibel, denn sie können ja, auch wenn sie uns sozusagen mittelfristig unverrückbar erscheinen mögen, nur gewissermaßen die „Zwischenergebnisse" der gesamten evolutionären Materie-Energie-Bewegungen sein. Aus Letzterem entstehen sie ja – nicht etwa umgekehrt (wie Strukturalisten oder mathematische Realisten behaupten würden). Deshalb sind die entsprechenden Veränderungen (der Naturkonstanten) vermutlich auch nur über lange Zeiträume zu messen – mit entsprechend hoher Fehleranfälligkeit bei den Messungen.

Gleichungen nie explizit ausgeschlossen. Vermutlich weil es da (also *ohne* einen als unvermeidbar betrachteten Zeitpfeil) gar nicht als Problem gesehen wird.

Die Schrödinger-Gleichung beschreibt dagegen Zeitentwicklungen, die man nur über einen echten evolutionären Kausalitätszeitpfeil (1) sinnvoll deuten kann.

Auch die *dritte Hypothese,* nämlich, dass der Raum auch isoliert betrachtet nur emergent bzw. nur klassisch zu beschreiben ist, halte ich in der Intention für sinnvoll (hier ist auch die Formulierung nicht ambivalent), denn damit wird betont, dass es bei der evolutionären Beschreibung unserer Welt auf die Energie-/Materierelationen und – im Zusammenhang des globalen Zeitpfeiles – auf die *kausale Erbfolge* der jeweiligen Ereignisse und globalen Prozesse ankommt. Wir kommen mit ihnen und mit einer in die Evolution der letzteren involvierten Zeit völlig aus. Anders gesagt: Die Prozesse *selbst* sollten letztlich (stabil) als Zeitfluss verstanden werden, denn man kann das eine vom anderen ja gar nicht sinnvoll trennen. Ein ähnliches Bild haben wir doch auch bei Gehirn und Geist, Letzteres ist *Funktion* des Ersteren und nicht noch irgendetwas ganz anderes.

5.2   Ein fundamentaler Begriff von Gleichzeitigkeit

Der globale Zeitpfeil involviert darüber hinaus einen neuen, *evolutionären* Begriff von *Gleichzeitigkeit (von Moment zu Moment* – im Zeitpfeil – *für alle Materie im gesamten Kosmos),* der nicht rein mathematisch bleibt wie bei Newton, sondern *prozessual bzw. kausal* verstanden wird. Denn diese permanent existierende Gleichzeitigkeit jeweils sehr vieler Ereignisse – als Untermenge der Menge aller Ereignisse im gesamten Evolutionsprozess – *folgt* natürlich aus einem globalen Zeitpfeil, der für alle Materie gilt, die sich in der Zeit entwickelt. Und das *ist* (im *materialistischen* Realismus) schlicht *alles*.

Smolin überrascht hier mit seiner Lösung für das Problem eines überzeugenden Settings für Nonlokalität und damit auch für Verschränkung, indem er (wie schon erwähnt) nicht nur Einsteins Lokalität, sondern auch die spezielle Nonlokalität (der Teilchenverschränkungen) lediglich auf einen *emergenten* Raum abbildet. Fundamental kommen sie nicht vor, weil es da auch keinen Raum gibt:

„Das bedeutet, dass Lokalität emergent ist. Nichtlokalität muss folglich ebenfalls emergent sein."

Smolins Überlegung ist, dass Nichtlokalität ein kontingent dynamisches Ergebnis der Tatsache sein muss, dass Lokalität, also Positionen nicht als absolut betrachtet werden können – wie oben ausgeführt.

„(...) Wie sollten wir sonst die Nichtlokalität der Quanten verstehen, insbesondere die nichtlokale Verschränkung? Diese Phänomene (...) sind Überbleibsel der raumlosen Beziehungen, die dem Urstadium innewohnen, bevor der Raum entsteht."[16]

Insbesondere der letzte Satz hat mich elektrisiert, denn in der Nähe des „Urknalls" oder (besser gleich) eines „glatten Big Bounce" – wie das von Physiker:innen der *Loop Quantum Cosmology* vorgeschlagen wird – haben wir ja tatsächlich alles so extrem eng gepackt wie danach nie wieder. Wir haben es also nahezu „raumlos", wenn man lediglich Räume als Materie ernst nehmen möchte, in denen (Gravitations-)Energie gespeichert ist. Man kann einen solchen neuen Anfangszustand als das Resultat eines komplett kontrahierten Vorgängerzustands (expansiver Art – desselben Universums) interpretieren.

Man könnte sagen, vor lauter Materie/Energie (vorgestellt vielleicht als reine Energie bzw. Energie*erhaltung* aus der

[16] *Quantenwelt*:306.

vorhergehenden Kontraktion – analog zu schwarzen Löchern) scheint (um es einmal imaginativ zu fassen) „gar
kein Platz" für *leeren* Raum übrig zu sein. Von hier aus
kann man sich dann Quantenverschränkungen vorstellen,
die sich schon sehr früh lokal gebildet und in der folgenden
Expansion weit in das Universum ausgedehnt haben – so
dass wir nicht mehr fragen müssen, wie Nonlokalität über
extrem große Abstände etwa entstanden ist – und wie sie in
einer Kontraktion dann vielleicht auch wieder (lokal) „zu-
sammenschnurrt".

Und diese Definition des Lokalitätsbegriffs scheint im
Übrigen auch sehr gut zur *LQC*-Idee der Raumatome zu
passen, die sich Atom für Atom aufbauen – während einer
Expansion des Universums – und in einer Kontraktion Atom
für Atom wieder abbauen. Denn der energiebehaftete Raum
dürfte in der Minderheit sein (gegenüber dem emergenten,
den man deshalb wohl eher als *scheinbaren* Raum begrei-
fen muss) und am Ende zur Kontraktion der hochenergetischen Dichte beitragen, die letztlich am Umkehrpunkt zur
nächsten Expansion aus der anziehenden Gravitation eine
repulsive Kraft macht.

Die Verschränkungen könnten überdies (wie alles andere
auch – nach dieser im Wesentlichen raumlosen Phase des
Universums) ausgestattet sein mit inflationärer Beschleunigung in der sekundenbruchteiligen Anfangsphase des Universums – danach übergehend in die nicht inflationäre
Expansion eines Friedmann-Robertson-Walker-Modells
etwa.

Zu den Details des zyklischen Universums: Der Wert
der kritischen Dichte des Universums beträgt ca. $5 \cdot 10^{-30}$ g/cm^3. Das entspricht einer Dichte von ≈ 3 Was-
serstoffatomen pro Kubikmeter. Bei Annahme einer Dichte
$> 5 \cdot 10^{-30}$ g/cm^3 („kritische Dichte"), geht man davon
aus, dass das Universum gravitativ rekollabieren müsste.[17]

---

[17]Quelle: Spektrum.de – Lexikon der Physik.

Die Abschätzungen dazu gelten allerdings als äußerst sensibel und keinesfalls als abgeschlossen.

Aber auch unabhängig von derartigen *zyklischen* Ideen dürfte die Verknüpfung fundamental evolutionär aufgefasster Zeit mit einem Gleichzeitigkeitsbegriff für *Impuls-Energie-Ereignisse* zu höchst spannenden Überlegungen führen. Smolin gibt zu bedenken, dass eine Kombination von fundamentaler Zeit und emergentem Raum eine *fundamentale Gleichzeitigkeit implizieren* müsste. Auf einer tieferen Ebene, auf der der Raum verschwinde, die Zeit aber weiterfließe, ließe sich der Jetzt-Vorstellung (eines extrem kurzen Moments) eine universale Bedeutung geben:

„Wenn die Zeit fundamentaler als der Raum ist, dann ist die Zeit während des Urstadiums, in dem der Raum sich in ein Netzwerk von Beziehungen auflöst, global und universal."[18]

Der Relationalismus einer fundamentalen Zeit und eines emergenten Raums könnte dann als Konfliktlösung zwischen Realismus und Relativität betrachtet werden. Diesem Relationalismus mit einem global irreversiblen Zeitpfeil, entsprechenden Implikationen von Gleichzeitigkeit und universalen „Jetzten" (im Englischen „Nows"), gibt er den Namen „temporal relationalism" – also eines mit dem Zeitpfeil verknüpften Relationalismus.

Ich hätte allerdings auch an dieser Stelle lieber das *prozessuale Fundament* von Energie-Impuls-Ereignissen *als* Zeitpfeil primär hervorgehoben. Denn wir sehen ja auch sonst überall in seinen Schriften, dass Smolin den Relationalismus immer wenigstens implizit (häufig aber auch explizit) in die alte und von den meisten Physikern auch noch immer als adäquat empfundene Beschreibung der gesamten Natur als *prozessual* integriert (als Bild des *Werdens* gegenüber dem

---

[18] *Quantenwelt*:306.

Sein) - was die Energie-/Materieevolution als untrennbaren *Träger* der globalen Zeitevolution nahelegt.[19]

So wird die Zeit z. B. bei Bojowald immer buchstäblich *verflochten* in physikalische Prozesse modelliert:

„If time is described by a fundamental process rather than a coordinate, it interacts with any physical system that evolves in time. The resulting dynamics is shown here to be consistent provided the fundamental period of the time system is sufficiently small."

Als starke obere Grenze einer fundamentalen Zeitperiode werden hier mit $T_c < 10^{-33}s$ mehrere Größenordnungen unter jeder direkten Zeitmessung – angegeben. Und man erhält das offenbar „(...) from bounds on dynamical variations of the period of a system evolving in time."[20]

Sehr kurze Momente oder *Zeitatome* – etwa zehn Größenordnungen über der Planck-Zeit (5.4×10^{-44} s) – kann man zwar auch in Zustandsgleichungen unterbringen, mathematisch idealisiert eben (wie üblich im tradierten Konzept diskreter Ereignisse). Genau genommen muss man sie sich aber – aufgrund der konsequenten Verzeitlichung der Kausalrelationen – wenigstens als so etwas wie Prozessgleichungen *denken* können, weil es wirkliche Ruhemomente physikalisch eben nicht gibt. Und die *LQG*-Physiker:innen tun das ja auch im Wesentlichen – eben in Form von quantisierten „Augenblicken" bzw. *Zeitatomen,* in ihren („grobkörnigen") *Differenzen*gleichungen, indem die Momente da wirklich quantisiert – einer nach dem anderen – evolutionär widerspruchsfrei (also ohne differentiale Drift

---

[19]Denn es gibt natürlich auch komplett strukturalistische Versionen des Relationalismus, ohne die geringste Ontologie – die sogar die Mehrheit der relationalistischen Modelle stellen dürfte. Gegen die hebt sich Smolin hier aber klar ab mit seinem konsequenten Energie-Impuls-Realismus.

[20]Martin Bojowald (in „Pysical Review Letters", „Physical Implications of a Fundamental Period of Time", zusammen mit Garrett Wendel und Luis Martínez in Phys. Rev. Lett. 124, 241301 – Published 19 June 2020) oder schon in: ar-Xiv:2005.11572 [pdf, ps, other] gr-qc.

gegen „unendlich") und insbesondere dann ohne (Makro-) Zeitumkehr erscheinen.

Wir werden in dem (nachfolgend behandelten) Papier von Smolin und Cortês sehen, dass deren Energie-Impuls-Beschreibung mit *intrinsisch* evolutionärer Zeit relational zu diskreten Ereignissen (verstanden als *energetisch kausale Mengen*) sehr kompakt formuliert werden kann. Auch der *Formalismus* der *energetic causal sets* (*ECS*) wird da – wenigstens im Kernbereich – vorgestellt.

Wir referieren hier aber zunächst weiter zu anderen wichtigen Modulen in der kosmologischen Argumentation von Lee Smolin.[21] Sie betreffen, wie wir gesehen haben, Kausalität in Fusion mit irreversiblem Zeitpfeil – bei emergentem Raum. Der Zeitpfeil ist letztlich auch hier (genau wie bei Bojowald) fest (relational) verknüpft mit der Energie-/Materieevolution unseres Universums, die als kausal geschlossen betrachtet und eben auf das ganze Universum appliziert wird.

5.2.1 Kausale Perspektiven

Smolin beschrieb Nonlokalität bzw. Verschränkungen (bei emergentem Raum) mit einer recht gewagten Namensgebung, nämlich mit: „kausale Perspektiven".[22] Gewagt ist dabei aber eigentlich nur der Begriff „Perspektiven". Abgebildet wird das, was *gemeint* ist, nämlich sehr stimmig auf *energetisch kausale* Ähnlichkeiten in Ereignissen oder Prozessen in Bezug auf atomare oder subatomare „Umgebungen" – unter Vernachlässigung des Raumes.

---

[21] Die allerdings schon in seinen interdisziplinär geschriebenen Büchern – *Time Reborn* (2015) und *The Singular Universe* (2013) – mehr als nur rudimentär entwickelt wurden.

[22] *Quantenwelt*:327.

Dieser Perspektivebegriff soll also Systeme beschreiben, die fundamental – gewissermaßen quantensystematisch – Ähnliches „sehen" und sich in dieser Hinsicht ähnlich verhalten, *egal wo sie sich aufhalten*. Der Begriff Umgebung (und so auch der der „Perspektive") spricht hier also eine *Eigenschafts*ähnlichkeit an, die überhaupt nichts mit einer näheren oder ferneren Raumumgebung zu tun haben muss. Im Zusammenhang von Teilchenverschränkungen ist das auch unmittelbar einleuchtend, denn die energieimpulsgetriebene Kausalität soll hier ja fundamental existieren, sich also nicht auf emergente Begriffe wie „Entfernung" oder „Abstand" beziehen.

Smolin warnt nun zwar explizit davor, den Begriff der Perspektive innerhalb der gebräuchlichen visuellen oder psychologischen Konnotationen zu verwenden, denn schließlich sollen in seinem Ansatz lediglich *Ereignisähnlichkeiten* beschrieben werden. Aber ich muss zugeben, mir ist es nicht wirklich gelungen, mich restlos von der psychologischen Einflüsterung des gewöhnlichen *visuellen* Perspektivenbegriffs zu distanzieren. Rein inhaltlich wird dieser Ansatz von Smolin allerdings sehr klar als *kausaler* Relationalismus formuliert, der sich explizit auf materielle Relationen bezieht und nicht etwa auf informationale (und also eben auch nicht auf psychologische). Das soll uns hier also genügen.

Zu den aus realistischer Sicht verfehlten rein bzw. strukturalistisch relationalen Ansätzen vieler anderer Autor:innen (die allerdings ohnedies allesamt nicht aus dem Realismus stammen) habe ich anderenorts schon ausführlich argumentiert.[23]

Lee Smolin vermittelt uns hier außerdem, dass wir beim Nachdenken über die Quantenwelt den Glauben an den Realismus des gesunden Menschenverstandes nicht verlieren

---

[23]Norbert H. Hinterberger, *Die Fälschung des Realismus*, (2016) 2019, 2. Auflage. Kap. 9.

müssen. Ganz im Gegenteil. Es reicht allerdings nicht aus, in einer bloßen Realismusbehauptung zu verharren, man muss schon entsprechend überzeugend dafür argumentieren können, denn:

„Ein Realist will die wahre Erklärung dafür wissen, wie die Welt funktioniert. (...). Die nächste Frage ist daher, ob irgendeine der vorhandenen realistischen Versionen der Quantenphysik als wahre Erklärung der Welt zwingend ist."[24]

5.3 De-Broglie-Bohm-Theorie und John S. Bell

Smolin stellt uns dazu die unterschiedlichen Herangehensweisen des modernen Realismus in seinen halb klassischen, kombiniert hamiltonisch-quantenmechanischen Ansätzen vor und bezieht sich mit seinem eigenen Ansatz zentral auf die *De-Broglie-Bohm-Theorie (dBB)* sowie auf die Forschungsergebnisse von *John Stewart Bell,* der 1964 gezeigt hat, dass der Realismus (komplett) nur unter Einbeziehung der *Non*lokalität konsistent zu formulieren ist – was wohl die größte Überraschung im neueren Realismus war.

Er hat dagegen *nicht* bewiesen, und wollte das natürlich auch nicht, dass es keinerlei verborgene Variablen geben kann. Seine Arbeit wird allerdings von *QM*-Mystikern notorisch dahingehend interpretiert. Bell hat die Hidden Variables indessen nur neu zugeordnet, namentlich einem *nichtlokalen* Weltverständnis – und nur *lokale* Hidden Variables ausgeschlossen. Wenn nämlich eine Theorie über verborgene Variablen lokal ist, dann „(...) it will not agree with

---

[24] *Quantenwelt*:269.

quantum mechanics, and if it agrees with quantum mechanics it will not be local."[25]

Seinerzeit verfügte allerdings noch niemand in Klarheit über die Idee, dass sogar die Beschreibung von Nonlokalität (*samt* Lokalität) in Emergenz verbleiben könnte.

Smolin referiert kurz, wie die Führungswellentheorie die orthodoxe Quantentheorie *durch addierte Freiheitsgrade vervollständigt*. Hier lernen wir *relationale verborgene Variablen* kennen. Die sind bei genauerem Hinsehen aber gar nicht wirklich verborgen. Addiert zur Wellenfunktion können wir damit individuelle physikalische Systeme beschreiben.

Smolin macht dankenswerterweise darauf aufmerksam, dass der Ausdruck „verborgene Variablen" für Teilchen oder Wellen ein wenig unglücklich ist, da wir die Teilchen schließlich beobachten – und die (dazugehörigen) Wellen (seit Einstein und de Broglie) natürlich auch, in Schlitz- und anderen Experimenten.

Er schlägt vor, statt des antirealistischen „Observablen"-Begriffs (im Zusammenhang von Messungen) John S. Bells ontologische Terminologie der „beables", also der *seins*fähigen Eigenschaften (in Realitätsbeschreibungen) zu übernehmen.

Als Realist möchte man in seiner Theorie schließlich zu dem Stellung nehmen, was wirklich existiert, und das sind im Realismus detektierte Entitäten wie Bosonen und Fermionen mit ihrem Teilchen- *plus* Wellencharakter, die die Bezeichnung *be*-ables als angemessen nahelegen.

Es wurde auch im Realismus immer wieder überlegt, ob man vielleicht nur eines von beiden braucht, nämlich nur *Teilchen* (und allenfalls ihre Teilchenbahnen), wie Det-

[25]John Stewart Bell, *Speakable and Unspeakable in Quantum Mechanics*, Cambridge University Press, (1987), 2004, p. 65.

lef Dürr einst vorschlug, oder nur *Wellen,* wie Roderich Tumulka et al. aktuell vorschlagen.[26]

Smolin konstatiert, dass die Führungswellentheorie das Messproblem löst, weil sich das Teilchen immer irgendwo befindet, also immer *unabhängig existiert.* Denn ein Messgerät findet das Teilchen immer an einem bestimmten Ort (relativ zu unserer emergenten Raumvorstellung), übereinstimmend mit der probabilistischen Vorhersage, aber unabhängig von Messungen.

Und weil die Gleichungen des Führungswellenansatzes deterministisch und reversibel sind, spricht das außerdem für Vollständigkeit. Wahrscheinlichkeiten werden durch Unkenntnis der Anfangsbedingungen erklärt, und

„Die Born'sche Regel, die Beziehung zwischen der Wahrscheinlichkeit und dem Quadrat der Wellenfunktion, wird durch den Nachweis erklärt, dass dies die einzig stabile Wahrscheinlichkeitsverteilung ist und sich alle anderen zu ihr hin entwickeln."[27]

Die Führungswellentheorie ist über ihre Vollständigkeit hinaus auch eineindeutig. Andere Versionen bzw. Interpretationen der Quantenmechanik arbeiten dagegen mit zusätzlichen, „flexiblen" Parametern, die durchaus zur Kritikimmunisierung bzw. zum Schutz vor Falsifikationen missbraucht werden können – in Form von Ad-hoc-Änderungen ihrer Definitionen, im Falle einer Kritik.

---

[26] Detlef Dürr, dieser große deutsche Realist, ist traurigerweise am 3. Januar 2021 verstorben. Er hat dem *physikalischen* Realismus – beileibe nicht nur aus meiner Sicht – ungeheuer viel gegeben, 27 Jahre lang, als Professor am Mathematischen Institut der Ludwig-Maximilians-Universität München. Seine überaus anspruchsvolle Umfänglichkeit in der Mathematik zeichnete sich durch große Klarheit in den Zusammenfassungen aus. Anders gesagt, es lag letztlich an den Leser:innen selbst, ob sie sich die Mühe machen wollten, diese für Nichtmathematiker:innen wirklich schwierigen (aber immer *direkt* auf die Realität bezogenen) Formalisierungen seiner *Bohmschen Mechanik* zu verstehen. Ich persönlich habe seine Bücher jedenfalls (nach *sehr viel* Arbeitsaufwand) als eine Art Universalschlüssel für ein besseres Verständnis der Wirklichkeit erlebt – nicht nur der dafür applizierten Mathematik.

[27] *Quantenwelt*:270.

Die Führungswellentheorie von Louis-Victor Pierre Raymond de Broglie (um ihn einmal vollständig zu nennen) erlaubt solche Ad-hoc-Änderungen nicht. Denn derartige Änderungen machen *nach* korrekten Falsifikationen einfach eine andere Theorie daraus. Mit einer ad hoc hinzugefügten Allaussage *oder* Anfangs- *oder* Randbedingung führt die Änderung zwangsläufig zu einer anderen Theorie, die dann eben (logisch trivial) nicht mehr falsifiziert ist. Ohne diese Änderungen *bleibt* die alte Theorie aber eben falsifiziert. Dieser metalogische Sachverhalt ist uns (schon in den 1930er Jahren) durch Karl Popper näher gebracht worden.[28] Smolin erwähnt dieses Verbot von Ad-hoc-Änderungen (ebenfalls) zu Recht als wichtigen Punkt zugunsten der Führungswellentheorie.

Die Born'sche Regel[29] – das zweite zentrale Element in der Quantenmechanik – wird, wir haben es erwähnt, von Smolin als *Regel 2* geführt. Die Schrödinger-Gleichung wird als *Regel 1* angesprochen.[30]

Von der Führungswellentheorie wird nun erwartet, was von jeder neuen Theorie (in derselben Angelegenheit) erwartet werden kann, nämlich, dass sie mindestens alles erklärt, was auch die Vorgängertheorie, in ihrem Fall die orthodoxe *QM*, erklärt hat. Letztere beinhaltet die relativistische Quantenfeldtheorie, *(QFT)*, welche wiederum die Grundlage des Standardmodells der Elementarteilchenphysik ist.

---

[28] Karl R. Popper, *Logik der Forschung* (1935), 1988: 50.

[29] Von Detlef Dürr wird sie übrigens – vorsichtiger – als „Born'sche statistische Hypothese" angesprochen.

[30] Ausgangspunkt für die Gleichung waren die auf de Broglie zurückgehende Vorstellung von Materiewellen „und die Hamilton-Jacobi-Theorie der klassischen Mechanik. Die Wirkung S der klassischen Mechanik wird dabei mit der Phase einer Materiewelle identifiziert (...). Sobald typische Abstände kleiner als die Wellenlänge sind, spielen Beugungsphänomene eine Rolle, und die klassische Mechanik muss durch eine Wellenmechanik ersetzt werden." (Wikipedia: Die Schrödingergleichung)

Also, was *QM* und *QFT* erklären, muss von der *dBB*-Theorie (insgesamt) ebenfalls erklärt werden können. Und das ist auch so. Über diesen Zusammenhang hinaus gibt es laut Smolin „aufregende Arbeiten" von Antony Valentini et al. (wir haben es erwähnt), die allerdings von Smolin selbst nichtsdestoweniger in bestimmten Punkten für problematisch gehalten werden – und von Detlef Dürr sogar explizit kritisiert wurden. Denn Valentini entwickelt im Rahmen einer *kausalen* Interpretation der *QM*, die ursprünglich von de Broglie in seiner Führungswellentheorie formuliert wurde, und die in der ganzen *dBB* akzeptiert ist, einen Superdeterminismus der *Signal*-Nichtlokalität für Nichtgleichgewichtszustände, und damit zwangsläufig eine Überlichtgeschwindigkeit für Nachrichtenübermittlung, die sonst nirgendwo im Realismus akzeptiert wird.

Um aber noch einmal zu Smolins *relationalen verborgenen Variablen* zu kommen: Wenn man eine hintergrundunabhängige, relationale Vervollständigung der *QM* bei fundamentaler Zeit und emergentem Raum sucht, sollten ihre *verborgenen Variablen* als Beziehungen zwischen echten *Be*ables (Bosonen und Fermionen) beschrieben werden können. Smolin fragt dazu, was eigentlich relationaler sein könnte als die Verschränkung von Teilchen. Eine *relationale Formulierung der QM* würde dann damit beginnen: „die Verschränkung an die erste Stelle zu setzen. Wenn, wie wir angenommen haben, der Raum emergent ist, muss die Entfernung im Raum sich aus fundamentaleren Beziehungen ableiten."[31] Vielleicht sei diese fundamentale Beziehung *die Verschränkung,* die auch den Raum erst entstehen lässt.

---

[31] *Quantenwelt*:307. Er erinnert auch hier noch einmal daran, dass wir diese Idee in ihrer rudimentärsten Form Roger Penrose verdanken – entwickelt schon 1960 in seinen Spin-Netzwerken.

Diese Argumentation scheint auf Anhieb überzeugender als die Vorstellung eines sogenannten „äternalistischen" Relationalismus mit fundamentalem Raum und emergenter Zeit, also gewissermaßen mit Zeitlosigkeit (prominent vertreten etwa von Julien Barbour und Pedro Henrique Gomes).

6

Energie-Impuls-Ereignisse

6.1 Energetische Kausalmengen bei Smolin und Cortês

Marina Cortês und Lee Smolin haben in jüngster Zeit einen
Ansatz zur Quantentheorie entwickelt, der den einst ja auch
in der Makrophysik zentralen Begriffen der Energie und des
Impulses sowie des individuellen Ereignisses bzw. des physikalischen Prozesses wieder zu ganz neuer Geltung verhelfen
dürfte – vor allem insofern diese Entitäten als *fundamental*
(also nicht etwa als abgeleitet oder emergent) in ihre Version eines Kausalmengen-Ansatzes von Ereignissen eingeführt
werden.

Dabei wurde eine Ereigniswelt anvisiert,[1] in welcher aus
Paaren von Vorläuferereignissen neue Ereignisse dynamisch

---

[1] Der Determinismus ist, wie erwähnt – in neueren Arbeiten (arXiv:1902.05108v4
[quant-ph] 9 Apr 2020 sowie arXiv:1902.05082v3 [gr-qc] 1 Nov 2020) mit erweitertem Arbeitskreis – wieder aufgegeben worden: zugunsten eines noch klareren
Realismus, wie man hofft.

© Der/die Autor(en), exklusiv lizenziert an Springer-Verlag GmbH, DE, **143**
ein Teil von Springer Nature 2023
N. H. Hinterberger, *Der Realismus - in der theoretischen Physik*,
https://doi.org/10.1007/978-3-662-67695-0_6

generiert werden, die offenbar per Extremalisierung[2] geeignet strukturiert werden können:

„We hence introduce a new kind of deterministic dynamics for a causal set in which new events are generated from pairs of progenitor events by a rule which is based on extremizing the distinctions between causal past sets of events."[3]

Hier wird auch explizit der neue Ansatz von Smolin und Cortês zu einem globalen Zeitpfeil in direkter Relation zu den evolutionären Impuls-Energie-Prozessen entwickelt, um physikalische Evolution fundamental zu erklären.

Der Raum verbleibt in Emergenz zugunsten eines diskreten bzw. fundamentalen *Erbfolgennetzwerks* von Energie-Impuls-Prozessen. Das Hamilton'sche Prinzip (klassische theoretische Mechanik), auf das hier rekurriert wird, *ist* ein Extremal-Prinzip, in dem man die physikalische Wirkung von Feldern und Teilchen betrachtet bzw. wo diese Wirkung einen größten oder kleinsten Wert annehmen kann.

Damit sprechen wir wieder über Welle *und* Teilchen. Diese wirklich kritisch realistische Entwicklung bei Cortês und Smolin war im Übrigen schon seit 2013 zu beobachten.[4]

Als *intrinsisch für Wirkungen* gelten impuls- und energietragende Ereignisse, die dynamisch prozessual entlang kausaler Verknüpfungen übertragen werden, wobei Impuls und Energie von bzw. bei jedem Ereignis *erhalten* bleiben. Es wird postuliert, dass es auf der fundamentalen bzw. diskreten Ebene ausschließlich Kausalität, Energie und Impuls im

---

[2] Die *Extremalisierung* ist ein Standardinstrument der Variationsrechnung. Hier werden beliebige Funktionale minimalisiert/maximalisiert – dargestellt als Integral. Die Variation einer abhängigen Größe führt dann auf die Lösung einer entsprechenden Differentialgleichung, die den Integralausdruck extremalisiert. Das geschieht etwa bei der Berechnung der kleinsten Wirkung und der Gesamtenergie beliebiger Systeme – im Rahmen der *Hamilton-Funktion.*

[3] *Quantum energetic causal sets,* Marina Cortês und Lee Smolin – arXiv:1308.2206v2, 2015.

[4] M. Cortês and L. Smolin, *The Universe as a Prozess of Unique Events,* arXiv:1307.6167.

Zeitpfeil gibt, während Einsteins Raumzeit emergent beschrieben bzw. daraus in geeigneter Umformung abgeleitet wird. Sie taucht also im klassischen Limit auf, ebenso wie die Quantentheorien von freien und wechselwirkenden relativistischen Teilchen, die sich in dieser Raumzeit bewegen. Auf der fundamentalen Ebene gibt es deshalb nichts mehr, mit dem Energie und Impuls *nicht* kommutieren könnten.[5]

Postuliert wird nur noch das Superpositionsprinzip und „die Interpretation der Wahrscheinlichkeit als Quadrat der komplexen Amplituden der einzelnen Prozesse." Es gilt:

„Fundamental processes are causal sets whose events carry momentum and energy, which are transmitted along causal links and conserved at each event."[6]

Dieser Ansatz unterscheidet sich – worauf die Autor:innen explizit hinweisen – von anderen (ansonsten ebenfalls raumzeitfreien) Kausalmengen-Modellen.

---

[5] Hier geht es nicht um *mathematisches* Kommutieren (also Austauschbarkeit der Berechnungsfolge), sondern um das *physikalische Verständnis* der Kommutation bzw. um die Experimentierreihenfolge oder die mögliche Experimentiergleichzeitigkeit. In der Mathematik redet man eher von *symmetrischen* Operatoren, in der Physik eher von *Hermite'schen* Operatoren (hermitesch = selbstadjungiert). In der *QM* wird dazu jedem Messapparat ein Hermite'scher Operator (*physikalischer Kommutator*) zugeordnet. Eigenwerte der untersuchten Quantensysteme werden von möglichen Messwerten ins Spiel gebracht, denn als Eigenvektoren bezeichnet man die physikalischen Zustände des jeweiligen Systems, bei dem der Messwert als $P = 1$, also mit Sicherheit, auftritt. Wenn zwei solcher Operatoren kommutieren, wird das als vollständiger Satz gemeinsamer Eigenvektoren bezeichnet oder als zwei kommutierende spektrale Zerlegungen: „Physikalisch bedeutet dies, dass man beide Messungen gemeinsam vornehmen und dass man Zustände präparieren kann, bei denen beide Messungen sichere Ergebnisse haben. Man spricht dann von kommutierenden, kompatiblen oder verträglichen Observablen." In der Physik wird die auf Dirac zurückgehende Bra-Ket-Notation verwendet, „die gewisse mathematische Subtilitäten in den Hintergrund treten lässt." (Wikipedia: Hermitescher Operator)

[6] *Quantum energetic causal sets*, Marina Cortês und Lee Smolin – ar-Xiv:1308.2206v2, 2015:2.

6.1.1 Alternative Kausalmengen-Modelle

In der klassischen Informationstheorie (Claude Shannon) werden lediglich mathematische Auskünfte zur Information gegeben (auch der Begriff der Entropie kommt hier nur als Gewichtung von Informationsgehalt vor). Die von Smolin/Cortês abweichenden Modelle liefern dagegen Kausalmengen, die eine *quanten*informationsbezogene Basis besitzen. Für *keine* der Definitionen von *Quanten*information gibt es bisher allerdings eine allgemeine Akzeptanz, und zwar, weil hier vornehmlich quanten*physikalische* Überlegungen eine Rolle spielen, die alles andere als trivial scheinen. Einig sind sich alle Autor:innen des Quanteninformationsansatzes lediglich darüber, dass die Konzepte der Superposition und der Verschränkung für ihre Ontologie in jedem Fall zentral sein müssten.

Vertreter:innen dieses Ansatzes (wie etwa David W. Kribs und Fotini Markopoulou) stellten sich in einem Papier von 2005 die Frage, ob die *Quantengravitation* eine Theorie der Quantengeometrie sein kann oder ob die Raumzeit nur ein klassisches Konzept ist. Den Ansätzen der Loop Quantum Gravity, denen der Causal Sets, des Spin Foams, des Quantum Regge Calculus oder der Causal Dynamical Triangulations (alles realistische Ansätze) wird dabei Ersteres zugesprochen.

Der kinematisch-dynamische Zustandsraum der Schleifen-Quanten-Gravitation wird dabei als eine Quantenüberlagerung von diskreten Kausalordnungen gedacht:

„The goals of such theories are to: i) be a well-defined microscopic theory of quantum geometry, ii) show that general relativity (and possibly also quantum field theory or matter couplings) emerge as the low-energy limit of the theory, and iii) make predictions on the kind and magnitude of departure from the classical theory."[7]

Alle diese Ansätze sind allerdings (mit Ausnahme desjenigen der *kausalen dynamischen Triangulation* – *CDT*) mit Schwierigkeiten insbesondere im dynamischen Teil der Theorie behaftet, die sich auf die Eigenschaft der ansonsten ja wünschenswerten Hintergrundunabhängigkeit zurückführen lassen.[8]

Innerhalb dieser Problemstellungen wurde jedenfalls die Idee investiert, dass die *Quantengravitation* möglicherweise gar keine Quantisierung der Allgemeinen Relativitätstheorie ist. Die Autor:innen fragen sich, ob man für diesen Fall einen völlig neuen Typ von hintergrundunabhängigem Quantengravitationsformalismus benötigt. Oder könnten die oben genannten Ansätze mit einer Neudefinition von Hintergrundunabhängigkeit modifiziert werden, in der die Quantengeometrie nur klassisch sein kann? Kann die Raumzeit emergent sein und doch aus einer Hintergrundunabhängigkeit hervorgehen? Eine Möglichkeit wäre anscheinend, nach weitreichenden kohärenten Freiheitsgraden zu suchen:

„These will characterize the lowenergy limit. They can be thought of as particles even though, at this level, there is no spacetime and thus the usual notion of particles (as in Wigner) does not apply. Only then, if these behave as if they are in a spacetime, do we have a spacetime."

---

[7]Dazu wird argumentiert (unter anderen) von: David W. Kribs, Fotini Markopoulou, *Geometry from quantum particles*, [arXiv:grqc/0510052]; Eli Hawkins, Fotini Markopoulou, Hanno Sahlmann, *Evolution in Quantum Causal Histories*, Class.Quant.Grav. 20 (2003) 3839, [arXiv:hep-th/0302111]; Fotini Markopoulou, *Quantum causal histories*, Class.Quant.Grav. 17 (2000) 2059–2072, [arXiv:hep-th/9904009].

[8]Die *CDT* wurde und wird entwickelt von: Renate Loll, Jan Ambjörn und Jerzy Jurkiewicz. Die Autor:innen vermeiden diese Schwierigkeiten anscheinend (theoretisch) mit einer 2-dimensionalen Raumzeit in der Nähe der Planck-Länge. In dieser extrem kurzen Distanz scheint ihnen eine realistische Minkowski-Raumzeit verzichtbar zu sein.

David Kribs fragt sich aber, wie dieses Setting Sinn machen könnte, denn es gibt ein Problem mit jedem der genannten Punkte:

„First, what is a long-range propagating degree of freedom if there is no spacetime and thus no obvious notion of ‚long-range‘? What can we mean by ‚low-energy limit‘, when energy needs time-translation invariance? What can a particle be in this setup? And, if one can define it, what does it mean that it behaves as if in a spacetime?"[9]

In der Tat wird man in einem „gar nicht recht vorhandenen" Raum den Begriff „weitreichend" kaum als zielführend betrachten wollen. Ähnlich berechtigt scheinen die anderen Bedenken von Kribs.

Markopoulou schlägt zur Lösung dieser Probleme nun vor, dass unnötige Verweise auf die Raumzeit eliminiert werden könnten, indem man die Sprache der *Quanteninformationsverarbeitung* verwendet. Damit könne ein Objekt wie ein (gewöhnlich eher räumlich eingebetteter) Spin-Schaum *als Quantensuperposition von Quanteninformationsflüssen* formuliert werden. In diesem Aufbau könne ein geeigneter Teilchenbegriff aus der Quanteninformationsverarbeitung verwendet werden, dabei könnte es um ein *rauschfreies Subsystem* aus der Fehlerkorrektur in Quantencomputern gehen:

„(...) a subsystem protected from the noise, usually thanks to symmetries of the noise. In a quantum gravity context, this means a subsystem emergent (protected) from the microscopic Planckian evolution, and thus relevant for the effective theory."[10]

---

[9] Referenzen wieder: David W. Kribs, Fotini Markopoulou, *Geometry from quantum particles,* [arXiv:grqc/0510052]; außerdem: Eli Hawkins, Fotini Markopoulou, Hanno Sahlmann, *Evolution in Quantum Causal Histories,* Class.Quant.Grav. 20 (2003) 3839, [arXiv:hep-th/0302111]; Fotini Markopoulou, *Quantum causal histories,* Class.Quant.Grav. 17 (2000) 2059–2072, [arXiv:hep-th/9904009].

[10] F. Markopoulou and D. Poulin, ‚Noiseless subsystems and the low-energy problem of spin foam quantum gravity‘, unpublished.]. arXiv:gr-qc/0510052 (S. 3). Hier schreiben sie auch: „A path integral model of a quantum spacetime is then given as a quantum sum over all possible causal sets that interpolate between two

Die „üblichen quantengeometrischen Pfadintegrale" von Feynman könnte man dann lesen als Quantensumme (einer Quantenraumzeit), die über alle möglichen Kausalmengen zwischen zwei gegebenen „parallelen" Ereignismengen interpoliert, und das könnte man interpretieren als „corresponding to the universe at a given initial and final times".

Bis dahin scheint das mühelos zu korrespondieren mit dem Überlagerungsbild, das realisiert wird in Quantencomputern. Und in Paul Diracs relativistischer Quantenfeldtheorie (QFT) stünde $q(t)$ – ein Teilchen am Ort q zur Zeit t – in *ontologischer* Interpretation perfekt als Superponierungsparadigma da. In der Quantenfeldtheorie wird das etwa über die Feldkonfigurationen $\Phi(x, t)$ integriert.

Diracs Übergangsamplitude entwickelt sich allerdings hochabstrakt im Hilbert-Raum. Manchmal wird Diracs Setting dabei als äquivalent zu Julian Schwingers Quantenwirkungsprinzip betrachtet. Aber das gilt natürlich nur formal. Denn bei Schwinger ist – schon komplett realistisch – von *Wirkung* in Bezug auf eine Übergangsamplitude die Rede und damit sowohl von Energie als auch von Impuls.[11]

Bei Dirac ist *nur* von einer *Wahrscheinlichkeit*samplitude die Rede. Also kann man Diracs mathematisch sicherlich brillante QFT nicht wirklich realistisch interpretieren. Die meisten LQG-Physiker:innen beziehen sich deshalb explizit auf Schwinger bzw. sie arbeiten *dessen* Grundidee aus.

Aus der Quanteninformationsverarbeitung sollte (bei Markopoulou) ursprünglich aber eben auch noch ein geeigneter *Teilchen*begriff gewonnen werden. Stattdessen deutet

---

given ‚parallel' sets of events (…) (corresponding to the universe at a given initial and final times)." (S. 8).

[11] „Der Ansatz besteht darin, in der klassischen Wirkung alle Felder durch Quantenoperatoren zu ersetzen. Das Wirkungsprinzip: $\delta \langle B | A \rangle = \frac{i}{\hbar} \langle B | \delta S | A \rangle$ bei dem δ für die Variation nach Parametern oder parametralen Funktionen steht, ergibt dann die Bewegungsgleichungen des Quantensystems.[1] Variiert man z. B. nach der Zeit im Bra-Zustand $\langle B |$, so erhält man gerade die zeitabhängige Schrödingergleichung." (Wikipedia: Schwingers Quantenwirkungsprinzip)

sich hier ein System von Wellen- bzw. Eigenschaftsüberlagerung und Teilchenverschränkung an – also eines *ohne* einzeln zu beschreibende Teilchen.

Andererseits ist das beim Rekurs auf die Quanteninformationsverarbeitung aber auch genau das, was man benötigt, schließlich geht es da um spezielle Teilchenverschränkungen oder auch Wellenüberlagerungen, die in Quantenrechnern (als materielle Berechnungseinheiten) geschützt werden sollen vor Dekohärenz.

Anders gesagt, ein geeigneter Teilchenbegriff kann ja ohnedies problemlos über jeden beliebigen Dekohärenzvorgang in der „Außenwelt" abgeleitet werden. Wenn man von vornherein dem Begriff des Quantensystems (Welle *und* Teilchen als Einheit) den Vorzug vor einem Teilchenbegriff gibt, der sich dann eben bei jeder Dekohärenz einer Quantenüberlagerungswelle aufdrängt, fehlt doch eigentlich auch gar nichts mehr.

6.1.2   Die Quantenüberlagerung als Möglichkeitszustand

Smolin greift dieses Überlagerungsbild jedenfalls äußerst kreativ auf für seinen grundsätzlichen Möglichkeits*zustand* bei Quantensystemen, der eben spätestens auf makroskopischer Skala durch *echte* Dekohärenz (ohne daran anhängende neue Wellenverzweigungen, wie bei H. D. Zeh) aufgehoben wird, wie wir noch sehen werden.

Natürlich ist der Superpositionszustand der Quantensysteme sehr schwer über längere Zeit aufrechtzuerhalten (eine Kollision mit einem Photon kann schon zu seiner Zerstörung führen). Wie schwer es ist, Superpositionen von Eigenschaften auch nur eines *einzelnen* Quantensystems für längere Zeit aufrechtzuerhalten, sehen wir ja in den Quantenrechnern.

Die *Superpositionen* in Quantencomputern sorgen ganz allgemein dafür, dass einzelne Qubits (temporär) zwei oder mehrere Eigenschaften *gleichzeitig* besitzen können. Die Zeit der Aufrechterhaltung dieser Überlagerungen (von Sekundenbruchteilen bis inzwischen schon zu einer Stunde) nennt man *quantenmechanische Kohärenzzeit*. *Dekohärenz* nennt man entsprechend eine Störung dieser Superposition (durch unkontrollierte Bewegung einzelner, nicht überlagerter Teilchen).[12]

Rauschfreie Subsysteme sind also materielle Werkzeuge, die für die Informationsverarbeitung durch Quantencomputer geeignet sind. Wenn wir einen Hilbert-Raum *angenähert als Quantenregister* realisieren, kann die Überlagerungsinformation, die dieses Register trägt, *ungeschützt* immer durch Dekohärenz (unerwünschte Wechselwirkung mit der Umgebung) gestört oder zerstört werden. Es sei denn, dass wir in der Quelle der Dekohärenz über einige Symmetrien verfügen, derart, dass einige Subsysteme von dekohärierender Wechselwirkung frei gehalten werden können. Diese Untersysteme sorgen dann für die partielle Rauschfreiheit, mit der Quanteninformation stabil gehalten und weiterverarbeitet werden kann.

6.2   Cortês und Smolins Energieminimalismus

Bei Cortês und Smolin gibt es handfeste *Energie-Impuls-*Amplituden *für kausale Prozesse,* die von vornherein — auch durch diskrete Formalisierung — sauber getrennt werden von den reinen *Wahrscheinlichkeits*amplituden der

---

[12]Erhöht man die Zahl der Qubits im Quantenrechner, wächst die Zahl der Zustände sehr schnell exponentiell an: Bei 2 Qubits hat man 4, bei 20 schon über eine Million. Und so erhöht sich dann auch die Anzahl der *gleichzeitig* möglichen Speicherungen/Berechnungen per Überlagerung.

orthodoxen *QM*. Letztere *folgen* aus den fundamentalen Prozessen der Energie-Impuls-Amplituden trivial. Die Raumzeit bleibt emergent. Einbettungen der kausalen Prozesse in eine Raumzeit ergeben sich erst auf halb klassischer Ebene.

Folglich gibt es, wie wir lesen, *fundamental* keine Kommutationsbeziehungen, keine Unschärferelation und auch kein $\hbar$. Alles, was von der Quantentheorie „übrig bleibt", ist die Beziehung zwischen den komplexen Amplituden (deren Betrag quadriert ist) und den Wahrscheinlichkeiten:

„Consequently, we find that neither locality, nor non locality, are primary concepts, only causality exists at the fundamental level."[13]

Die als fundamental eingeführten Amplituden werden hier unmittelbar realistisch eingebettet in energetisch kausale Prozesse, die ihrerseits nicht auf klassische oder relativistische Raumvorstellungen abgebildet werden. Am Ende des Papiers wird nichtsdestoweniger gezeigt, wie die Einstein-Raumzeit *emergent* aus diesem Ansatz abgeleitet werden kann.

Für die Amplitude $\mathcal{A}$ eines *Gesamt*prozesses – gekennzeichnet durch eingehende und ausgehende Teilchen und ihre Impulse *p* und *q* (linke Seite der folgenden Gleichung) – gilt, dass sie die Summe der Amplituden der *Elementar*prozesse *P* bilden, die diese ein- und ausgehenden Teilchen intrinsisch besitzen (der Index *a* steht für Teilchenliste – und *I* steht für Ereignis):

$$\mathcal{A}[p_a^{in,I}; q_a^{out,I}] = \sum_P \mathcal{A}[P]. \qquad (6.1)$$

Gl. (2) bei den Autor:innen (S. 5).

Auf der linken Seite der folgenden Gleichung ist der Impulsraum $\mathcal{P}$ mit seinen eingehenden und ausgehenden Teilchen aus dem Ereignis *I* notiert. Rechts sehen wir: Die

---

[13] „Quantum energetic causal sets", Marina Cortês und Lee Smolin – arXiv:1308.2206v2, 2015:1

Wahrscheinlichkeit für den Gesamtprozess ergibt sich als Absolutwert zum Quadrat der Amplitude $\mathcal{A}$. Das ist sozusagen die realistische Schreibweise von $|\psi|^2$ – hier sind die eingehenden und ausgehenden Impulse samt der Teilchenlisten enthalten.

$$\mathcal{P}[p_a^{in,I}; q_a^{out,I}] = |\mathcal{A}[p_a^{in,I}; q_a^{out,I}]|^2 \qquad (6.2)$$

Gl. (3) bei den Autor:innen. Aus dieser atemberaubenden „Beseitigung" des Raumes folgt nun auch recht mühelos, dass auf der fundamentalen Ebene weder Lokalität noch Nichtlokalität primäre Konzepte sein können. *Fundamental* ist Kausalität „beschriftet" („labelled") mit intrinsischer Energie und intrinsischem Impuls – und die werden *erhalten* in *jedem individuellen Ereignis* (als komplexe Energie-Impuls-Amplituden).

Operatoren bzw. Operatorenalgebren spielen hier keine Rolle mehr, weil es (fundamental) nichts gibt, mit dem Impuls und Energie nicht kommutieren könnten.

Nur das Superpositionsprinzip und die Interpretation der Wahrscheinlichkeit als Quadrat der Amplituden der individuellen Prozesse müssen noch *postuliert* werden. Raumzeit dagegen „emerges only in the classical limit, as does the quantum theories of free and interacting relativistic particles moving in that space-time."[14]

Wir haben gesehen, wie die komplexen Amplituden aufgeschrieben werden können in direkter Gleichheitsbeziehung zum Gesamtimpuls (bzw. zum Impulsraum $\mathcal{P}$) – weil wir sie *nicht* als reinen Wahrscheinlichkeitsausdruck auffassen. Die *Vorhersagen* werden natürlich, genau wie in der *QM,* über *Wahrscheinlichkeiten* von Gesamtprozessen gemacht. Das ist für Vorhersagen zu Quantensystemen ja auch trivial. Aber hier gibt es eben *zusätzlich* eine ontologische

---

[14] *Quantum energetic causal sets,* Marina Cortês und Lee Smolin – arXiv:1308.2206v2, 2015:2

Interpretation. Denn im Realvorgang wird eine Menge an-
kommender Teilchen des Prozesses „umgewandelt" in ausgehende Teilchen mit erhaltenen Energieimpulsen. Für die
Amplitude wird Impulserhaltung (durch alle Elementarprozesse hindurch) angenommen. Ansonsten werden keine weiteren Bestandteile der Quantentheorie benötigt.

Auf dieser Ebene gibt es keine Raumzeit-Variablen, keine
Unschärfebeziehungen, nichts Nichtkommutatives – denn
das alles wird als *emergent* modelliert. Es gibt also:

„(…) no Hilbert space of states. Indeed $\hbar$ is not mentioned in
the formulation of the theory and arises only when and if spacetime coordinates emerge at a classical level. Rather than being
fundamental, $\hbar$ is an artifact of convention and appears only if
we insist on measuring positions in units of length rather than in
units of inverse momenta."[15]

Ausgehend von einer beliebigen Impulsfunktion kann ein
dazu *inverser Impuls* als *Systemantwort* auf einen solchen Impuls betrachtet werden – beschrieben als *sehr kurzer* Impuls
(idealisiert: „unendlich" kurz), der zur Zuordnung des Out-
puts eines Systems zu beliebigem Input dienen kann.

Mit der sogenannten „Zeitverschiebungstechnik" (bekannt aus Nachrichtentechnik und Systemtheorie), kann
man dann die Frequenz (und Amplituden bzw. Impulse) auch *zeitlich* einordnen (wichtig für einen globalen Zeitpfeil kausaler Ereignisse und Prozesse). In diesem
Zusammenhang kann die *Fourier-Transformation* den
Zusammenhang zwischen Zeit- und Frequenzbereich
darstellen. Aperiodische Signale können damit in ein kontinuierliches Spektrum zerlegt werden (Spektralfunktion).
Wir finden diese Art Frequenz-Signal-Analyse – als anspruchsvolle Anwendung – bspw. in der Magnetresonanz-
tomographie.

---

[15] *Quantum energetic causal sets,* Marina Cortês und Lee Smolin – ar-
Xiv:1308.2206v2, 2015:2

6.3   Nur zwei Arten von Strukturen

Es werden lediglich zwei Arten von *ontologischen* Strukturen postuliert. Erstens, die Kausalstruktur diskreter Ereignisse. Jedes individuelle Ereignis wird als kausale Menge interpretiert, welche eine ereignisrelationale Sicht der fundamentalen Physik ausdrückt. Die Identität eines Ereignisses wird durch seine kausalen Beziehungen zu anderen Ereignissen definiert. *Diese* Relationalitätspostulate setzen sich damit klar realistisch ab gegenüber den älteren strukturalistischen Relationalitätsansätzen mit nicht ontologischer Verfassung, aber (wie erwähnt) auch gegenüber anderen realistischen Ansätzen.[16]

Der Hauptunterschied besteht wohl darin, dass Smolins und Cortês Ansatz eine streng *materialistische* Ontologie *auf diskreter bzw. fundamentaler Ebene* implizieren – auch wenn sie den Begriff des Materialismus gar nicht explizit verwenden. Sie beschreiben nämlich eine *energetische Intrinsik* dieser relationalen Kausalmengen und bleiben damit nicht bei einem sozusagen *leeren* relationalen Setting stehen – mit der immer ein bisschen in der Luft liegenden Gefahr eines daraus abzuleitenden Beobachtersolipsismus oder Strukturidealismus.

Die meisten der älteren Ansätze (bei den Strukturalisten wie auch bei einigen Realisten) problematisieren überhaupt nicht, dass in ihren Modellen keineswegs klar definiert ist, was da eigentlich mit was in Relationen stehen soll. Anders gesagt, in vielen dieser Modelle werden im Zusammenhang der jeweiligen Relationen einfach *keine innewohnenden*

---

[16]Dazu vielleicht im Vergleich die älteren Relationalitätsansätze des Realismus: L. Bombelli, J. Lee, D. Meyer, R. Sorkin, *Spacetime as a Causal Set*, Phys.Rev.Lett. 59 (1987) 521–524. [5] sowie: J. Henson, *The causal set approach to quantum gravity*, in *Approaches to Quantum Gravity – Towards a new understanding of space and time* (ed. D. Oriti) Cambridge University Press, 2006. [arXiv:gr-qc/0601121]

Eigenschaften für die jeweiligen Entitäten *formuliert* – weder in den Gleichungen noch umgangssprachlich.

Cortês und Smolin schreiben dagegen jedem individuellen Ereignis intrinsische Energie und intrinsischen Impuls zu. Beide werden plausibel durch die kausalen Verknüpfungen übertragen und besitzen Erhaltungssätze bei jedem Ereignis. Derartige Relationen kann man dann integrativ als Energie*prozesse* zusammenfassen, die einen fundamental *irreversiblen* Zeitpfeil besitzen.

Eine konsequent materialistische Definitionsumgebung scheint mir außerdem geeignet, den gesamten Begriff der Relationalität (ambivalent, wie er häufig genug daherkommt) wenn nicht überflüssig so doch wesentlich weniger federführend zu machen. Anders gesagt, realistisch verstandene Kausalität impliziert schon trivial Relationalität in der Wirklichkeit, weil Erstere eben zwangsläufig durch ein Wechselwirkungsbeziehungsgeflecht mit materiell prozessualer Intrinsik definiert werden muss.

Smolin und Cortês haben mit ihrer „fülligen" Relationalität der energetischen Kausalmengen sehr viel Ambivalenz aus der Diskussion entfernt. Und ihr Ansatz kann in der Tat drei Vorzüge klar benennen. Es kann nämlich festgehalten werden, dass die Welt nicht mit Relationen definiert werden kann, die keinerlei materielle Entitäten bzw. Quantitäten benennen: „If elements in a relational set don't have labels, or an associated quantity, there will be no way of specifying which events are related. The events that make up the world must have an intrinsic quantity that allows them to be related to each other."

Macht man das anders, kann der von Realist:innen ubiquitär erwünschte Relationalismus kausaler Energieprozesse sehr schnell in einem unerwünschten strukturalistischen Relationalismus enden, der uns schlicht *nichts* über die Realität sagt. Die grundlegenden (beobachtbaren) Größen der Dynamik sind nun einmal Impuls und Energie. Man bemerkt das besonders, wenn man (relative) Lokalität formulieren muss. „Space-time is a conventional construction, defined operationally, as Einstein taught us, by sending and receiving quanta that carry energy and momenta."[17].

Hier könnte man – aus den oben genannten Gründen – auch umstandslos von Energieentitäten (im Sinne von Bells „be-ables") anstatt von „Beobachtbaren" reden. Einfach um schon sprachlich jegliche Gefahr von Beobachterrelativismus auf fundamentaler Ebene zu vermeiden. Ansonsten ist Smolins Bemerkung, dass Einstein die Raumzeit schon selbst als konventionell-relativistisch aufgefasst hat, natürlich richtig und wichtig, um zu verstehen, dass ein globaler Zeitpfeil fundamental betrachtet damit gar nicht im Widerspruch stehen kann. Anders gesagt: Methodologische Konventionen (operationale Beschreibungsnormen) können nicht mit Wirklichkeitsbehauptungen im Widerspruch stehen. Nichtsdestoweniger muss die Raumzeit natürlich in *geeigneter* Weise aus den Kausalmengen emergieren bzw. hergeleitet werden können. Wir werden (unten) sehen, dass das alles andere als trivial ist.

Die *fundamentalen* Bedingungen werden von den Autor:innen im Folgenden jedenfalls (auch formal) sehr schön übersichtlich modelliert. Das Problem mit der Nichtlokalität, dass alle anderen (und vor allem natürlich die „raumfundamentalen") Ansätze zeigen, hat man in diesem Aufbau nicht. Hier gibt es weder Lokalität noch Nichtlokalität – die gibt es nur emergent, ebenso wie den Raum selbst.

Dann wird noch einmal auf die „Quantenkausalgeschichten" von Fotini Markopoulou eingegangen – die im Übrigen schon seit 2012 davon redet, dass man den Raum (jedenfalls

---

[17] *Quantum energetic causal sets*, Marina Cortês und Lee Smolin – arXiv:1308.2206v2, 2015:3

fundamental) „nicht braucht". Seinerzeit war sie übrigens noch in Berlin ansässig.[18]

Die Autor:innen erwähnen, dass einige Beispiele für quantenenergetische Kausalmengen durch die Quantenkausalgeschichten gegeben sind – nämlich durch einen Hilbert-Raum, der mit der kausalen Ausbreitung von freien Teilchen assoziiert wird. Im relativistischen Fall spannt dieser Hilbert-Raum für freie relativistische Teilchen nämlich Impulseigenzustände auf, so dass eine Wechselwirkung als *Evolutionsoperator* beschrieben und als vollständig positive Abbildung verstanden wird – definiert auf dem Produkt der Hilbert-Räume des ankommenden Teilchens.[19]

Die Ansätze von Cortês/Smolin weichen von den Quantenkausalgeschichten nun allerdings insofern ab, als bei ihnen über Kausalstrukturen summiert wird statt über Geschichten von Positionsoperatoren. Denn die Letzteren sind nicht direkt verknüpft mit eingebetteten Koordinaten für die Teilchen *in den Ereignissen,* wie sie in Kausalstrukturen auftreten. Außerdem wird bei Cortês/Smolin nicht für alle quantenenergetischen Kausalmengen gefordert, dass sie aus einem Hilbert-Raum stammen müssen. Es wird vor allem nicht impliziert, dass der Hilbert-Raum überhaupt als fundamental betrachtet werden muss, sogar da, wo er auftauchen kann.[20] Die materiellen Kausalstrukturen werden im Folgenden in ihren Basisprinzipien genauer definiert.

---

[18]Es gibt ein interessantes Interview mit dieser scharfsinnigen Physikerin: https://sz-magazin.sueddeutsche.de/wissen/die-40-jaehrige-fotini-markopoulou-kalamara-78835.

[19]*Quantum energetic causal sets,* Marina Cortês and Lee Smolin – arXiv:1308.2206v2, 2015:3.

[20]*Quantum energetic causal sets,* Marina Cortês and Lee Smolin – arXiv:1308.2206v2, 2015:3–4.

7

Fundamentale Energieimpulse und emergenter Raum

7.1 Basis-Prinzipien bei Smolin und Cortês

Smolin und Cortês stellen uns zwei Basisprinzipien und auch schon ein formalisiertes Modell vor. Da gibt es einen isolierten Prozess $\mathcal{S}$, der durch Eingangs- und Ausgangsteilchen mit Energieimpulsen $p_a^{in,I}$ bzw. $q_a^{out,I}$ beschrieben wird. Der Index a steht wieder für eine jeweilige Teilchenliste (b und c sind dann jeweils andere Listen), I für ein individuelles Ereignis. Die Energieimpulse halten sich in einem d-dimensionalen Impulsraum $\mathcal{P}$ auf[1] Der besitzt eine Metrik h^{ab} (also eine Energiemetrik, die gequantelte Energie von a nach b überträgt) und einen Zusammenhang Γ_a^{bc}. Der Quantenprozess (eingehende und ausgehende Teilchen – plus der Impulse) wird Gesamtprozess genannt.

---

[1] Man könnte $\mathcal{P}$ äquivalent auch als einen Energie-Dichte-Raum D(E) interpretieren; engl. Density of state, DOS.

© Der/die Autor(en), exklusiv lizenziert an Springer-Verlag GmbH, DE, ein Teil von Springer Nature 2023
N. H. Hinterberger, *Der Realismus - in der theoretischen Physik*,
https://doi.org/10.1007/978-3-662-67695-0_7

Ich muss zugeben, ich hatte zu Anfang gar nicht recht verstanden, dass Elementarereignissen von den Autor:innen etwas jeweils zustandsartiges zugeschrieben werden soll, im Unterschied zu Prozessen. Ich hatte Ereignis zunächst intuitiv als äquivalenten Ausdruck für Prozess verstanden – schließlich dauert auch jedes Ereignis seine Weile. Aber man soll sich die Ereignisse hier (im Bereich von Zeitatomen) extrem kurz – als Quasizustand – vorstellen. Das wird auch durch die Definition des inversen Impulses nahegelegt. Um einen Zustand (als Momentaufnahme-Stichwort „Nows" bzw. *fundamentale Zeitatome*) aus einem Prozess isolieren zu können, muss ein Ereignis ja irgendwie als fast zeitlich „stehender" Zustand quantisiert werden. Die Autor:innen möchten damit nämlich eine diskrete Gegenwart beschreiben, die man sich zeitlich als „extrem kurz" vorzustellen hat. Diese Zeitatome stellen dann ein irreversibles Nacheinander für global kausale bzw. evolutionäre Zeitentwicklungen im Zeitpfeil dar.

Die solchen Elementar*ereignissen* zugeschriebene Dynamik kommt über eine komplexe Amplitude $\mathcal{A}$ des Ereignisses I – notiert $(\mathcal{A}_I)$ – in die Gleichungen. Und die Amplitude für einen Elementar*prozess* wird als Produkt der Amplituden bei jedem Ereignis berechnet. Ein Gesamtprozess wird zunächst in nichtrenormierter Ausdrucksweise („unendliche Anzahl" bezüglich der Elementarereignisse) eingeführt. Später werden Schätzungen durch tatsächliche Messungen renormiert. Das Amplitudenbetragsquadrat schreibt man dann (als realistische Parallele zur Born'schen Regel: $|\psi|^2$): $|\mathcal{A}|^2$ – oder ausgeschrieben eben $|\mathcal{A}\left[p_a^{in,I}; q_a^{out,I}\right]|^2$.

So hat der Realismus in Borns eher physikalisch „neutrale" statistische Hypothese Einzug gehalten, könnte man sagen.

Cortês/Smolin geben im Weiteren folgende Strukturierung: Zu einem Gesamtprozess gibt es eine unendliche Zahl von korrespondierenden Elementar-Prozessen. Ein Elementarprozess ist eine bestimmte („beschriftete" bzw. mit physikalischen Eigenschaften benannte) kausale Menge, deren Ereignisse Elementarereignisse sind. Jedes Elementarereignis „wandelt" eine Menge eingehender Teilchen in eine Menge ausgehender Teilchen um. Alle Teilchen sind durch Impulse bestimmt, die im Impulsraum $\mathcal{P}$ leben. Dabei ist p_{aK}^{I} der Impuls, der vom Ereignis K zum Ereignis I eingeht und q_{aI}^{L} der Impuls, der vom Ereignis I zum Ereignis L hinausgeht. Die *Dynamik* wird erfasst, indem jedem Elementarereignis I eine komplexe Amplitude $\mathcal{A}_I$ zugewiesen wird: „The amplitude for an elementary process, $\mathcal{A}[P]$, is the product of amplitudes at each event."[2]

Eingepackt formalisiert sieht die Amplitude für einen *Elementarprozess* (linke Seite der Gleichung) dann so aus, dass sie äquivalent auch als Produkt der Einzelamplituden über dem Ereignis I (rechte Seite der Gleichung) begriffen werden kann:

$$\mathcal{A}[P] = \prod_I \mathcal{A}_I. \qquad (7.1)$$

Im Original, Gl. (1). Die Amplituden für einen *Gesamtprozess* (ankommende und ausgehende Teilchen und deren Impulse – links in (7.2) *ausgepackt*) ergeben die Summe der Amplituden der Elementarprozesse (rechts):

$$\mathcal{A}[p_a^{in,I}; q_a^{out,I}] = \sum_P \mathcal{A}[P]. \qquad (7.2)$$

Im Original Gl. (2). Die Wahrscheinlichkeit für die Gesamtprozesse – innerhalb des Impulsraumes $\mathcal{P}$ (links in (7.3)) – ist dann gleich dem Betrag zum Quadrat der Gesamtamplitude $|\mathcal{A}|^2$ rechts (hier ausgepackt). Statt des üblichen Born'schen Betragsquadrates der Wahrscheinlichkeit

---

[2] *Quantum energetic causal sets,* Marina Cortês and Lee Smolin – arXiv:1308.2206v2, 2015:4.

$|\psi|^2$, das ja ubiquitär als quantenmechanische Verteilungs-hypothese Verwendung findet, steht hier, anders als in der orthodoxen *QM, auch* die *Interpretation* dessen, *was* über-haupt wahrscheinlich sein soll, nämlich die reale Existenz der Gesamtamplitude:

$$\mathcal{P}[p_a^{in,I}; q_a^{out,I}] = |\mathcal{A}[p_a^{in,I}; q_a^{out,I}]|^2. \qquad (7.3)$$

Im Original in Gl. (3) – wir haben sie oben schon zitiert. Aus der Definition der Wahrscheinlichkeit ergibt sich (wie die Autor:innen schreiben), dass die Amplituden unter der Bedingung gewählt werden müssen, dass die Wahrschein-lichkeiten folgendermaßen normalisiert sind:

$$\sum_{q_a^{out,I}} \mathcal{P}[p_a^{in,I}; q_a^{out,I}] = \sum_{q_a^{in,I}} \mathcal{P}[p_a^{in,I}; q_a^{out,I}] = 1. \qquad (7.4)$$

Im Original Gl. (4). Zusammen mit der Regel, die den Ereignissen Amplituden zuordnet, spezifizieren diese Postu-late die Theorie *vollständig.* Das liest man dann offenbar so, dass sich die Summe über den Ausgangsimpulsen (aus dem Impulsraum $\mathcal{P}$ – also Output plus nächster Input) *gleich* der Summe über den Eingangsimpulsen *hinsichtlich der Wahr-scheinlichkeit* zur Notwendigkeit *eins* ergeben muss. Das ist die Impulserhaltung, wenn man sie probabilistisch formu-liert.

Von der eineindeutigen Präsentation der bisherigen Glei-chungen vielleicht ein bisschen verwöhnt, behalten wir sicherlich im Gedächtnis, dass in einem gegebenen Gesamt-prozess „an infinite number of elementary processes" eher als mathematischer bzw. notorisch renormierungsbedürfti-ger Ausdruck ohne realistische Abbildung verbleibt (was die Autor:innen natürlich auch so handhaben). Es sei denn, man zielt alternativ etwa ab auf eine unendliche Menge von *po-tentiellen* (also *nicht* aktualen) Prozessen, die man natürlich auch im Realismus postulieren kann. Insbesondere ist das so, wenn man einen ∞-Zeitpfeil voraussetzt – auch in einem zyklischen Universum, mit Zyklen von Expansion und Kontraktion des Raumes (eben möglicherweise ad infinitum), aber bei immer gleichbleibender Zeitrichtung – nämlich in Richtung Zukunft. Das wäre etwa Martin Bojowalds Kosmologie.

7.1.1 Inverse Gravitation

Bojowald hatte sich schon 2009 Gedanken darüber gemacht, wie „die Quantengravitation konkret Gegenkräfte zur klassischen Anziehung bewirkt." Er sieht das als eine Konsequenz der Annahme von diskreter (gequantelter) Zeit. Nähme man selbst alle Zeitpunkte zusammen, erhalte man nichts Kontinuierliches, sondern eine Art Zeitgitter. Im Rahmen der Winzigkeit atomarer Zeitschritte „kann ein Zeitgitter sehr viel Energie aufnehmen, aber eben nicht beliebig viel."[3]

Er erklärt das an einer Welle mit kurzen Wellenlängen, also mit hoher Frequenz. Die Reihenfolge der Betrachtung: Wenn man zunächst auf die Wellenlänge einer langgestreckten *Sinuswelle* blickt (von einer Bergspitze bis zur nächsten Bergspitze etwa gemessen) und alle 20 Rasterpunkte für Raumatome bzw. Raumquantelungen (im gleichen Abstand) auf ihr platziert, sieht man: „ihr glattes Verhalten kann aus der diskreten Menge an den Rasterpunkten noch immer erkannt werden."[4] Wenn wir jetzt aber *dieselbe* Wellenlinie mit den 20 Rasterpunkten über 20 kurze Wellen hoher Frequenz zeichnen, „(...) zeigen die abgetasteten Oszillationen eine Länge, die immer größer ist als der Rasterabstand (...)." Anders gesagt, man hat jetzt eine Rasterpunktlinie mit zwanzig Rasterpunkten über 20 Wellen gelegt. Über die hohe Frequenz verstehen

---

[3] Martin Bojowald, *Zurück vor den Urknall,* Fischer (2009), 2010:136–138.
[4] Wir verfügen hier leider nicht über Bojowalds Diagrammdarstellung – aber man kann es vielleicht auch ohne Bild skizzieren.

wir dann auch, woher die Energie für die abstoßende Gravitation kommen soll.

Der „Urknall" oder besser der *Big Bounce* in Bojowalds Version ist das Ereignis mit der höchsten Energie, die wir kennen. Um die Singularität „unendlicher Energie", wie sie aus der kontinuierlichen (also nicht quantisierten) Allgemeinen Relativitätstheorie (*ART*) folgt, zu vermeiden, benötigen wir ein Zeitgitter *und* ein Raumgitter, das sehr viel Energie aufnehmen kann, aber eben nicht „unendliche" Energie. Letztlich muss man sich die Zeit – ebenso wie den Raum – quantisiert vorstellen.

Bojowald argumentiert, dass eine widerspruchsfreie Theorie mit dem in der Schleifen-Quanten-Kosmologie implementierten Zeitgitter eine Abstoßung überschüssiger Energie erzeugen müsste. Da es nichts außerhalb des Universums gibt, wohin man die Energie expedieren könnte, kann ein Energieüberschuss „nur verhindert werden, indem der Kollaps des Universums selbst, also die Ursache für den Energiezuwachs, gestoppt und in Expansion umgekehrt wird. Auf diese Weise liefert ein Weniger von lokalen Zeitpunkten im Gitter eine physikalische Gegenkraft zum Kollaps und damit ein Mehr an Zeit vor dem Urknall."[5]

Soweit man sehen kann, favorisieren Lee Smolin und mit ihm wohl die meisten Realisten aus dem Umkreis der Loop Quantum Gravity inzwischen eine Art Bojowald-Kosmologie, in jedem Fall aber (wie Letzterer) die Vorstellung eines einzelnen bzw. einzigen Universums mit einem *irreversiblen* Zeitpfeil, der fundamental ist.

Smolins *Präsentismus* – der energetisch kausalen Mengen mit ihren extrem kurzen Momenten bzw. „Nows" der diskreten Energie-Impuls-Ereignisse – profitiert natürlich ungemein von dieser zeitatomistischen Idee. Da für den

---

[5]Martin Bojowald, *Zurück vor den Urknall*, Fischer (2009), 2010:136–138. Damit wird für die große Masse der Dunklen Energie ein vorheriger Kollaps ein und desselben Universums vorausgesetzt.

Zeitpfeil keine prinzipielle Beschränkung angenommen wird, verfügt man über *konsistente* Unendlichkeiten, die nicht als aktual verstanden werden (mit der unschlüssigen Konsequenz von Singularitäten), sondern als *potentiell* (in unendlicher Zeit). Dafür muss man dann auch keine „Renormierungstricks" bemühen (Detlef Dürr).

Das Recht dazu, bei der Renormierung „aktualer" Unendlichkeiten von *Tricks* zu sprechen, ergibt sich aus der Tatsache, dass theoretisch unpassende Werte (insbesondere, wenn sie gegen unendlich gehen) in der Praxis obligatorisch durch aktuelle (statistische) Messergebnisse ersetzt bzw. korrigiert werden. Das ist die Methode der Renormierung oder Normalisierung. Aber damit wird die effektive Theorie, in der die Unendlichkeiten jeweils differential-pragmatisch postuliert werden, nachträglich Lügen gestraft, wenn man so will.

Es ist zwar schön, wenn Messwerte (auch stochastischer Natur) überhaupt zur Verfügung stehen, aber organischer wäre es sicherlich, wenn wichtige Naturkonstanten etwa aus einer fundamentaleren Theorie *folgen* würden. Anders gesagt, Renormierungen oder Normalisierungen zeigen immer nur, dass man es bisher lediglich mit einer effektiven Theorie zu tun hatte, aus der die richtigen Werte eben *nicht folgen*. Darüber gibt es eigentlich auch keinen Dissens unter den Physiker:innen. Das ist auch keine wirkliche Kritik an der Renormierungsidee. Ohne sie, also ohne die *Korrekturen* der (a priori idealisierten) effektiven Theorien – durch statistisch experimentellen Realismus, wenn man so will –, kämen wir in Bezug auf Quantensysteme nämlich *gar nicht* zu realistischen Ergebnissen.

Wenn man zugibt, dass die Welt aus *Prozessen* besteht (die wir ja auch überall sehen: Wir sehen nichts anderes - wir sehen nirgendwo Stillstand), sollte man auch zugeben können, dass es einen fundamentalen – evolutionär *irreversiblen* – Zeitpfeil geben muss. Denn der muss ja gewissermaßen unvermeidlich betrieben bzw. transportiert werden durch die *kausalen Energie-Impuls-Prozesse* in der *einen* asymmetrischen Zeitrichtung, die wir Zukunft nennen.

Hier gibt es (sowohl bei Zeit- als auch Raumatomen) *nichts* Differentiales bzw. echt Kontinuierliches mehr, also auch keine gleichungspragmatischen *aktualen* Unendlichkeitsdifferentiale, sondern nur gequantelte bzw. „grobkörnige" *Differenzen*gleichungen, die sich „coarse grained" *konsistent* verhalten können – sogar zu *zeitatomarer* (also sehr kurzfristiger) *Retro*-Kausalität. Letzteres kann bei Quantensystemen immer auftreten, weil Superpositionen Determiniertheit verhindern bzw. Quanten-, atomare und sogar molekulare Zustände in der Schwebe halten können. Wir kommen noch darauf.

Wir sehen also, dass sich alle Materie ständig verändert – und dass man Naturkonstanten davon nicht prinzipiell ausnehmen darf. Denn bei sehr hohen Energien und auch bei niedrigen gibt es anscheinend tatsächlich vermehrt Hinweise darauf, dass Kopplungskonstanten und Teilchenmassen nicht (über beliebiges t in Richtung Zukunft) konstant sind.

Es wird angenommen, dass ihre Werte sich immer auf eine bestimmte Energieskala beziehen müssen. Die Elementarladung nimmt bei hohen Energien zu, die Kopplung der starken Wechselwirkung nimmt bei hohen Energien aber ab. Das bezeichnet man als asymptotische Freiheit: „Die Kopplungskonstanten werden durch die Renormierung nur auf die gemessenen Werte für die Referenzenergie festgelegt. Viele Bemühungen der modernen theoretischen Physik zielen daher darauf, diese Parameter im Rahmen einer übergeordneten Theorie mit erweitertem Gültigkeitsbereich berechnen bzw. ableiten zu können."[6]

Diese übergeordnete Theorie müsste dann sicherlich eine kausale bzw. evolutionäre Theorie sein, in der

---

[6](Wikipedia: Renormierungsgruppe).

Veränderungen von Naturkonstanten über kosmologische Zeiträume entsprechend natürlich erscheinen. Detailliertere Hinweise auf eine möglicherweise tatsächlich variable Feinstrukturkonstante α kann man bei Wilczynska, Webb, Bainbridge et al. in einer umfangreichen Untersuchung (mit diversen Messungsergebnissen von 2020) finden.[7]

7.1.2 Ereigniserbfolgen und Erhaltungsgesetze

Die Impulse unterliegen – bei Cortês und Smolin – Gruppen von Nebenbedingungen, die als physikalische Zwangsbedingungen auftreten. Die erste Gruppe sind die Erhaltungsgesetze, bei denen die Summe über K alle Ereignisse erfasst, mit denen I in der Vergangenheit kausal verbunden war, und die Summe über L erfasst alle Ereignisse, mit denen I in der Zukunft verbunden sein wird.[8] Die folgenden Gleichungen werden unter „Conservation laws" abgehandelt: „The momenta are subject to three sets of constraints."[9]

$$\mathcal{P}_a^I = \sum_K p_{aK}^I - \sum_L q_{aI}^L = 0 \qquad (7.5)$$

Im Original Gl. (5). Die Null zeigt hier: Wenn die Summe über L von der Summe über K subtrahiert wird, findet keine Veränderung in der Energiemenge von K nach L statt. Und das gilt allgemein. Das heißt, die Impulsenergie/Masse wird im gesamten globalen bzw. evolutionären Zeitpfeil der Erbfolgenereignisse *kausal erhalten*.

---

[7] arXiv:2003.07627.

[8] „Quantum energetic causal sets", Marina Cortês and Lee Smolin – arXiv:1308.2206v2, 2015.

[9] *Quantum energetic causal sets,* Marina Cortês and Lee Smolin – arXiv:1308.2206v2, 2015:5.

Die zweite Gruppe behandelt auf ganz ähnliche Weise die Forderung, dass es keine Rotverschiebungen $\mathcal{R}$ geben sollte (ebenfalls ein Null-Ergebnis), weil hier keine Distanzen bzw. keine Räume als fundamental betrachtet werden:

$$\mathcal{R}_{aI}^{K} = p_{aI}^{K} - q_{aI}^{K} = 0. \tag{7.6}$$

(im Original (6)).[10]

Im Folgenden wird dann ein Entwurf vorgestellt, wie die Raumzeit emergent bzw. relativitätsklassisch aus diesen Fundamentalbeschreibungen abgeleitet wird. Diese Behandlung fundamentaler *und* klassischer Aspekte (in ein und demselben Ansatz) fasst man daher als *halb klassisch* zusammen. Das verfolgen wir aber (in der Besprechung von *Realism and Causality II*, unten) ohnedies noch detaillierter.

Die (übrigens von Cortês selbst entdeckte) Retro-Kausalität, welche aus den eigenen Gleichungen (der *energetic causal sets*) für die Raumzeit auf relativistischer Ebene (: für Mikrokausalität) folgte, wirft die Herausforderung auf, Letztere *konsistent* in den globalen Zeitpfeil bzw. in die globale, *irreversible* Kausalität des evolutionären Zeitpfeiles zu integrieren. Sehen wir uns also im nächsten Kapitel an, wie dieses Problem gelöst wird.

---

[10]Cortês/Smolin, arXiv1308.2206v2:5.

8

Retro-Kausalität als Grobkörnung des Zeitpfeils

8.1 Mikro-Retro-Kausalität

Die folgende von den Beteiligten entwickelte zweiteilige Diskussion findet in einem erweiterten Arbeitskreis statt.[1] Hier stellen wir zunächst das erste Papier *(Realism and causality I)* vor.[2] Im zweiten Papier wird detailliert dargestellt, wie (im Rahmen numerischer Simulationen – mit der Zeit) eine emergente (effektiv symmetrische) Raumzeitmetrik aus *asymmetrischen* Prämissen – der *energetischen Kausalmengen* (*ECS*) – von Smolin und Cortês folgt.[3]

---

[1] Das geschieht als thematische Erweiterung von: *Quantum energetic causal sets*, Marina Cortês and Lee Smolin – arXiv:1308.2206v2.

[2] *Realism and causality I: Pilot wave and retrocausal models as possible facilitators*, Eliahu Cohen, Marina Cortês, Avshalom C. Elitzur, Lee Smolin: arXiv:1902.05082v3 [gr-qc] 1 Nov 2020.

[3] *Realism and Causality II: Retrocausality in Energetic Causal Sets*, Eliahu Cohen, Marina Cortês, Avshalom C. Elitzur and Lee Smolin – arXiv:1902.05082v3 [gr-qc] 1 Nov 2020.

N. H. Hinterberger, *Der Realismus - in der theoretischen Physik*, https://doi.org/10.1007/978-3-662-67695-0_8

Das erste dieser beiden Papiere ist aus einer zweijähri-
gen Diskussion der Autor:innen entstanden und besitzt deshalb einen interessanten Frage-Antwort-Charakter, der von
den Beteiligten in der schriftlichen Abfassung (aus pädago-
gischen Gründen) beibehalten wurde.

Als Hauptproblem wird (in *Realism and causality I*) betrachtet, dass neu formulierte Gedankenexperimente die De-
Broglie-Bohm-Führungswellen-Theorie *(dBB)* – die aufgrund ihrer hervorragend geprüften *Welle-Teilchen-Dualität*
im modernen Realismus in der einen oder anderen Form
als grundlegend gilt – offenbar so sehr strapazieren, dass ihr
Realitätsanspruch *ohne grobkörnige Änderungen* der Theorie
nur noch schwer verteidigt werden kann.

Schon im *Abstract* wird dafür plädiert, dass der Realismus
(als wichtigstes Grundprinzip – ja auch schon der klassischen
Physik) wohl als Letztes aufgegeben werden sollte, wenn
man eine stabile Interpretation der *QM* erhalten möchte. In
diesem Zusammenhang wird die *dBB* aber eben als gut ent-
wickelte Basisstruktur für eine realistische Theorie hochge-
halten, die es umzuarbeiten bzw. weiterzuentwickeln lohnt.
Sehen wir uns also die Bestandteile der Herausforderung an:

„We present three challenges to a naive reading of pilot-wave
theory, each based on a system of several entangled particles. With
the help of a coarse graining of pilot wave theory into a discrete
system, we show how these challenges can be answered."[4]

Die damit verbundenen Änderungen hatten jedoch unmittelbar einen recht bizarren Preis, denn es zeigte sich, dass
(im Rahmen der Beschreibung individueller Systeme) Teilchen an leeren Wellenverzweigungen der Wellenfunktion
gestreut zu werden schienen, als wären Letztere *Teilchen* (!),
und umgekehrt bewegten sich leere Wellenverzweigungen
durch Teilchen hindurch, als wären Letztere *Wellen*!

---

[4] *Realism ... I* (Abstract):2.

Diese „Teilchen" schienen sich außerdem (von der Heuristik her) so zu bewegen, dass es zu Verletzungen des Trägheitsprinzips und der Impulserhaltung kommen müsste. Die Autor:innen hoffen nun, dass all diese Kosten auf einer *retrokausal diskreten Ebene* nicht getragen werden müssen bzw. nur in emergent relativistischer Form.

Sie schlagen in einer *alternativen Version der Führungswellentheorie* außerdem vor, dass das Teilchen von einer Kombination aus *fortgeschrittenen und verzögerten Wellen* geführt wird, um das zuletzt genannte Problem neu diskutieren zu können. In diesem Rahmen wird eine vereinfachte („grobkörnige") Version der *dBB*-Theorie vorgeschlagen, deren Konstruktion auf jeweils *diskrete* Konfigurationsräume bzw. auf diskrete Bereiche im gesamten Konfigurationsraum abzielt. Derartige Konfigurationsräume werden aber – anders als der Hilbert-Raum – als *endlich* modelliert, um von vornherein *ontologische* Stabilität in der Beschreibung zu sichern.

8.1.1 Diskrete Regionen im Konfigurationsraum der *dBB*

In der Ursprungsversion der *dBB* ist der Konfigurationsraum eine glatte Mannigfaltigkeit. Man ging davon aus, dass die Zeitentwicklung eine *kontinuierliche Teilchen*bahn beschreibt: $x_I^a(t) \in \mathcal{C}$. Das wird als Konfigurationsraum mit N Teilchen verstanden (wie üblich, x für den Ort, I für das Ereignis mit den beteiligten Teilchen a zur Zeit t).

Eine *vollständige* Konfiguration besteht dann aus einer *realen Wellenfunktion* auf diesem Konfigurationsraum zusammen mit einer oder mehreren Teilchenpositionen x^a in demselben. Das wird dann $Z(t) = \{\Psi(x,t), x^a(t)\}$

geschrieben. „These evolve via the Schrödinger equation and the de Broglie guidance equation."[5]

Für die Diskussion der „Grobkörnung", also der Nicht-kontinuierlichkeit des Raumes, wird es von den Autor:innen nun eben als hilfreich betrachtet, den Konfigurations-raum C in *diskrete* Regionen (also Konfigurations*räume*) aufzuteilen. In diesem Zusammenhang geht es auch um die (als ersatzlos verstandene) Streichung der Trajektorien-Kontinuität für Quantensysteme.

Mit der Entfernung der Kontinuitätsvorstellung (in physikalischen Belangen aller Art) sind wir ja prinzipiell schon durch beliebige Quantelungen vertraut. So kann auch der (Kontinuitäts-)Determinismus an dieser Stelle relativ gefahrlos aufgegeben werden, weil wir in diesem Rahmen ohnedies zu probabilistischen Regeln für die *Sprünge* der Teilchen zwischen den Regionen übergehen müssen, denn dieses Springen entsteht (unvermeidlich) wellengeführt.

Das bringt eine Führungswellenversion für *diskrete Systeme* ins Spiel, wie sie schon von J. C. Vink untersucht wurde.[6]

Für den Fall, dass der Konfigurationsraum *diskret* ist, stellen die Autor:innen deshalb *vier Prinzipien* auf, die eine korrekte Gröbkörnung der *dBB* gewährleisten sollen. Das jeweilige *System* ist Element eines diskreten Konfigurationsraumes. Es besitzt ontologisch Teilchencharakter am Ort $x \in C$ *und* ist gleichzeitig eine Wellenfunktion $\Psi(x)$ in C.

Manchmal wird die gesamte Konfiguration (aus alter Gewohnheit – gewissermaßen „solo") auch als „Teilchen" angesprochen, wie die Autor:innen erwähnen. Man sagt eben nicht jedes Mal korrekt „Quantensystem". Letzteres ist hier aber sinnvoll, denn die folgenden Annahmen zur

---

[5] *Realism … I*:7.

[6] J. C. Vink, *Quantum mechanics in terms of discrete beables,* Phys. Rev. A 48, 1808 (1993).

Gröbkörnigkeit der Konfigurationen beruhen auf der Erfahrungsgrundlage, dass es *sowohl* Wellen *als auch* (damit korrelierte) Teilchen gibt. Und ohne die *realen* Wellenfunktionen können keine unterschiedlich fortgeschrittenen Wellen dargestellt werden, die hier aber für die Modellierung der Retro-Kausalität der emergenten Zeitsymmetrie von den Autor:innen als notwendig vorausgesetzt werden.

Die vier Prinzipien:

Unter Punkt (A) steht (sinngemäß), dass die Wellenfunktion sich unitär und unabhängig von der Teilchenkonfiguration entwickelt. Die Teilchenentwicklung kann dagegen nur probabilistisch in einer Orts*verteilung* (eines Nacheinander-Ensembles) beschrieben werden, die – vermittelt über die *Grobkörnung* der De-Broglie-Führungswelle – von der Wellenfunktion abhängig ist. Denn hier wird vorausgesetzt, dass nur die Welle das Teilchen leitet, das Teilchen aber in keiner Weise zurückwirkt (es fehlt also eine echte Wechselwirkung).

Unter (B) steht:

„The Born rule. $\rho(x, t) = \psi^*(x, t)\psi(x, t)$ is the probability to find the particle at x at time t . In particular, the particle is never at a configuration x_0 at which $\psi(x_0) = 0$.“

$\psi^*(x, t)$ bezeichnet in der *QM* (mit dem Winkel $-\varphi$) die komplex Konjugierte zu $\psi(x, t)$ (wo wir stattdessen den Winkel φ haben) – das Ganze abgebildet in der Gauß'schen Zahlenebene.

Unter (C) steht: „The evolution respects that the particle is stationary when the wave function is real. This is a consequence of the de Broglie guidance equation"

$$\dot{x}^a = \frac{1}{m}\nabla^a S. \tag{8.1}$$

Dabei ist S die Phase der Wellenfunktion, so dass

$$\psi(x, t) = \sqrt{\rho e^{\frac{i}{\hbar}S}}. \tag{8.2}$$

[7]Im Original sind das die Gl. (3) und (4).

Unter (D) steht: „Two particles continue in their states of motion or rest, so that momentum is conserved, except when they interact, and for that they have to coincide."[8]

Die Autor:innen haben nun festgestellt: (D) ist keine Konsequenz von *dBB* wie die anderen. Schlimmer noch, (D) steht in einer echten Kontradiktion zu (A), (B) und (C).

Die folgende Konstruktion einer Gröbkörnung der *dBB* rekurriert deshalb nicht auf (D). Der Gesamt-Konfigurationsraum wird *in eine Reihe diskreter Konfigurationen* aufgeteilt, die mit Z_t zusammengefasst werden. Die einzelnen Konfigurationen von Z_t entwickeln sich getrennt in jeweils diskreten Zeiten: $t = 1, 2, \ldots, T$ (T bezeichnet die *Gesamtzahl* der Zeitschritte). Man verfügt dann zu jedem Zeitpunkt über eine sogenannte Orthonormalbasis $|Z, t\rangle$ mit M_t Elementen.

Unter „Orthonormalbasis" versteht man gewöhnlich auf die Länge 1 normierte Vektoren, die senkrecht aufeinanderstehen. In diesem Fall werden sie aber eben nicht auf einen unendlich-dimensionalen Raum – wie den Hilbert-Raum – bezogen, sondern auf viele endlich-dimensionale (diskrete) Konfigurationsräume im Minkowski-Format (quasieuklidisch). Die *Wellenfunktion* ist in diesem Zusammenhang eine *normalisierte Amplitude* für jedes Basiselement. Die Born-Regel-Wahrscheinlichkeiten sind dann gegeben durch $P_i(t) = |a_i(t)|^2$.

Die Autor:innen gehen also von einer diskreten Evolution zwischen den Zeitschritten aus[9]:

$$|\Psi(t+1)\rangle = \hat{U}(t+1, t)|\Psi(t)\rangle. \qquad (8.3)$$

---

[7] *Realism* ... *I*:7.
[8] *Realism* ... *I*:8.
[9] *Realism* ... *I*:9 – im Original Gl. (7).

Dann wird die *dBB*-Beschreibung durch ein Ensemble von Teilchenpositionen vervollständigt. Die werden nicht individuell deterministisch, sondern probabilistisch über eine *Übertragungsfunktion* für Teilchenbewegungen *zwischen den diskreten Zuständen* verfolgt. So ist $T(j, t + 1; i, t)$ definiert als Teilchen im Zustand i zur Zeit t, das zur Zeit $t+1$ im Zustand j sein wird – mit T für die *Gesamtzahl der Zeitschritte*). Als Dichte-/Verteilungs- bzw. Summenausdruck (da wir hier Teilchenbewegungen zwischen diskreten Zuständen beschreiben) kann das so notiert werden[10]:

$$\rho(i, t + 1) = \sum_j T(i, t + 1; j, t)\rho(j, t). \qquad (8.4)$$

An diesem Punkt der Untersuchungen wurde dann anscheinend klar, dass man schon viel zu sehr in die „Grobkörnigkeit" gegangen war, um noch einen klassischen Determinismus aufrechterhalten zu können. Anders gesagt: Wenn man die Führungswellenregel *und* die Born'sche Regel berücksichtigen möchte, muss die Übertragungsfunktion (zwischen t und $t+1$) auch von der Wellenfunktion zum Zeitpunkt t abhängen:

$$T(j, t + 1; i, t; a_i(t)) \qquad (8.5)$$

– bei den Autor:innen in Gl. (10). Wir sehen, hier ist die Richtung der Zeitschritte und Zustände umgekehrt notiert.

Das Ganze läuft also auf eine Grobkörnung der Zeit hinaus, die es Quanteneffekten *in Emergenz* erlaubt, kurzfristig in beiden Zeitrichtungen zu verlaufen – sich also symmetrisch zu verhalten. Wir werden sehen, dass diese Form der Retro-Kausalität von den Autor:innen nicht als fähig betrachtet wird, etwas an der „echten" Kausalität des Zeitpfeils zu ändern. Sie wird eben als rein emergente Grobkörnung des Letzteren betrachtet.

---

[10] *Realism ... I*:9 – im Original Gl. (9).

8.1.2 Die Herausforderung im Mach-Zehnder-Interferometer

Das Model wird in dieser Version dennoch stark belastet durch Experimente im Mach-Zehnder-Interferometer (MZI) – wie die Autor:innen schreiben. Das MZI wird allgemein geschätzt als Indikator für seine Sensitivität gegenüber der *relativen Phase* der Wellenfunktion, weil es die Dynamik Letzterer sehr genau erfasst.

Das Teilchen behält seinen Anfangsimpuls *im Überlagerungszustand* bei, solange es während des Durchlaufs durch das MZI nicht durch eine Ortsmessung gestört wird. Durch die Erhaltung des Impulses wird klar, dass die Wellenfunktion – also *die Welle* – beide MZI-Pfade durchlaufen hat:

„For Copenhagen, this is only natural. If nothing can indicate which path the particle has taken, then the path remains superposed just like the probabilistic distribution given by the equation."[11]

Jede weitere Annahme betrachten die Kopenhagener folglich als überflüssig.

Für den Realismus entsteht allerdings ebenfalls ein Problem, nämlich jenes, die *Funktion* der *leeren* Hälfte der Wellenfunktion (im Experiment) konsistent zu erklären. Denn die besteht – bei de Broglie – ja darin, das Teilchen zu führen. Die Autor:innen fragen sich, wie es in diesem Zusammenhang von Bedeutung sein kann, welchen Wert die Wellenfunktion in einer Region des Konfigurationsraums hat, in der sich das Teilchen nicht aufhält.

Ihr simplifiziertes *dBB*-Modell antwortet darauf *ontologisch:* Sowohl das Teilchen als auch die Welle durchqueren das MZI, wobei Teilchen *und* die eine Hälfte der Welle (am ersten *halb*durchlässigen Spiegel) den einen der zwei möglichen Wege gehen, die leere Hälfte der Welle geht indessen

---

[11] *Realism ... I:9.*

den anderen Weg *allein*. Da beide Anteile sich später (am letzten halbdurchlässigen Spiegel) wieder treffen und interferieren können, hat die leere Hälfte möglicherweise einen (kausalen) Einfluss auf die Bewegung des Teilchens.

Aus rechtlichen Gründen müssen wir hier leider auf die graphischen Darstellungen im Original verzichten. Ich versuche ersatzweise den Unterschied zwischen der *Kopenhagener Interpretation* (a) und der *dBB-Interpretation* (b) in Beschreibungsform zu geben:

Das MZI: In *beiden* Darstellungen sehen wir ein „auf der Spitze stehendes" Quadrat, auf dem die Seiten die möglichen Wege von Teilchen und Wellenbewegungen (von unten her) darstellen. Die Winkel zwischen diesen *Bahnen* (Schenkeln) betragen also überall 90°. Der unterste *Strahlteiler* befindet sich als halbdurchlässiger Spiegel an der untersten Spitze des Quadrates. Die Winkel *relativ zu allen Spiegeln* betragen 45°, denn die Spiegel sind jeweils als senkrechte Striche an Beginn und Enden der Geraden dargestellt. Anders gesagt, wir blicken auf deren Kanten, nicht auf ihre Flächen.

Für (a) gilt nun, dass eine *lokalisierte Wellenfunktion* „mit dem Potential, als Teilchen detektiert zu werden", (probabilistisch) zur Hälfte nach rechts durch den unteren Strahlteiler hindurchgeht und zur anderen Hälfte nach links geht. Ihr Weg (nach oben) führt sie zunächst zu zwei *undurchlässigen* Spiegeln, an denen beide folglich nur reflektiert werden und am Ende durch den zweiten halbdurchlässigen Spiegel (an der oberen Spitze) heraustreten und auf den Detektor (rechts) treffen. Die Detektion wird von den Kopenhagenern als die „Materialisierung" eines Teilchens *aufgrund* der Detektion interpretiert. Die Wellenfunktion *insgesamt* (mit beiden Teilwellen) wird bei ihnen so notiert (a): $\frac{1}{\sqrt{2}}(| \ \psi_L\rangle + | \ \psi_R\rangle)$.

Für (b) gilt dieselbe Grafik, nur dringt hier – durch den ersten Strahlteiler – (nach rechts) ein *wellengeführtes Teilchen* ein, nach links dagegen eine *leere* Wellenhälfte. Der erste Spiegel lässt hier also das Teilchen *plus* der halben Welle passieren (nach rechts oben) – die leere Wellenhälfte geht nach links oben (beide wieder orthogonal aufeinanderstehend). Als Nächstes werden beide an den *undurchlässigen* Spiegeln (nach oben zum ausgehenden Strahlteiler) *reflektiert*. Der Wellenteil *mit* dem Teilchen wird also (nach der Reflexion rechts) weiter zum letzten halbdurchlässigen Spiegel an der oberen Spitze geführt, ebenso wie die leere Halbwelle nach der Reflexion am undurchlässigen Spiegel (links) weiter zum zweiten Strahlteiler an der oberen Spitze des Quadrats geht. Die Wellenteile interferieren hier neu. Das Teilchen geht – geführt von seiner Welle – nach rechts zum Detektor. Das Ganze wird genauso notiert wie bei (a). Um den Weg der teilchenbesetzten Halbwelle (rechts) darzustellen, wird allerdings zusätzlich ein *Punkt* (für das Teilchen) über den Zustand $|\psi_R\rangle$ gesetzt. Das ist das neue *dBB*-Setting.[12]

Das Setting (a) der Kopenhagener kann (und *soll* auch in ihrem Verständnis) *nicht* als ontologisch betrachtet werden. Für (b) werden dann sehr elaborierte Experimente mit zwei und später auch drei ineinander verschränkten MZIs untersucht, die – wie die Autor:innen bemerken – echte Herausforderungen *auch* für eine *realistische* Interpretation darstellen. Ich schlage vor, diese Argumentation im Papier der Autor:innen selbst zu verfolgen (schon um die dann wesentlich komplizierteren Anordnungen der MZIs auch einmal im Bild zu sehen).

---

[12] *Realism … I*:10.

8.1.3 Das einzelne MZI

Die Notierungen für das einzelne MZI (im Rahmen einer grobkörnigen *dBB*) wollen wir aber kurz erklären. Es werden drei Zeitnotierungen (t_0, t_1, t_3) unter Aussparung von t_2 verwendet (t_2 wird für die Komplikationen der verschachtelten MZIs reserviert).

t_0 steht für den Zeitpunkt (unmittelbar) vor dem Eintritt in den ersten Strahlteiler.

$C_0 = \{+, -\}$ stellt zwei *mögliche* Konfigurationen einer *Impulsbasis* dar (+ steht für überlagert, − steht für nicht-überlagert).

Zusammen mit der Zeit t_0 werden sie so notiert: $| +, t_0 \rangle$, $| -, t_0 \rangle$.

Nach dem ersten Strahlteiler bewegt sich das Teilchen entweder nach links oder nach rechts: $C_1 = \{L, R\}$.

Die Basiszustände für Teilchen zwischen den beiden Strahlteilern (unten und oben) werden so notiert: $| L, t_1 \rangle$, $| R, t_1 \rangle$. Für die Zeit *zwischen* dem ersten und dem zweiten Strahlteiler wird t_1 angegeben. t_3 bezeichnet den vollzogenen Austritt aus dem Einzel-MZI.

Die möglichen Konfigurationen für die Impulsübertragung bzw. Impulserhaltung nach dem zweiten Strahlteiler betragen dann $C_3 = \{+, -\}$.

Gehen wir noch einmal zum ersten Strahlteiler ($t_0 \rightarrow t_1$). Der hat die *Wirkung*:

$$| \pm, t_0 \rangle \rightarrow | \pm, t_1 \rangle = \frac{1}{\sqrt{2}}(| L, t_1 \rangle \pm | R, t_1 \rangle). \quad (8.6)$$

Im Original (17).

Hier wollen wir nur noch als wichtig festhalten, dass die Autor:innen die Wirkung des zweiten Strahlteilers $t_1 \rightarrow t_3$ als „*zeitliche Umkehrung*" *der Wirkung des ersten Strahlteilers* betrachten ($| \pm, t_1 \rangle \rightarrow | \pm, t_3 \rangle$). Insgesamt sind es aber in jedem Fall *zwei* Evolutionsschritte. Das sieht dann in der

Links-rechts-Basis so aus (im Original (19), (20), (21, (22)):

$$| L, t_1 \rangle \; \to \; \frac{1}{\sqrt{2}} (| +, t_3 \rangle + | -t_3 \rangle), \quad | R, t_1 \rangle \; \to \; \frac{1}{\sqrt{2}} (| +, t_3 \rangle - | -, t_3 \rangle). \quad (8.7)$$

Mit den *festgelegten Amplituden* für die Entwicklung der Wellenfunktion werden *auch die Wahrscheinlichkeiten* für die Übergänge zwischen Konfigurationen mit evolvierenden Zeitpunkten vorgegeben, nach welchen die Wellenfunktion die Teilchen leitet (in der *grob gekörnten dBB*). In der Führungsgleichung hängen die evolvierenden Übergänge jeweils von der Wellenfunktion zu einem einzelnen Zeitpunkt t ab. Am ersten Strahlteiler wird das so notiert (T für die gesamten Zeitschritte):

$$T (L, t_1; +, t_0; | +, t_0 \rangle) = T (R, t_1; +, t_0; | +, t_0 \rangle) = \frac{1}{2}. \quad (8.8)$$

Wir haben hier also die Gleichwahrscheinlichkeit für beide Wege. Am zweiten Strahlteiler haben wir dagegen einen notwendigen Verlauf mit:

$$T (+, t_3; L, t_1; | +, t_1 \rangle) = T (+, t_3; R, t_1; | +, t_1 \rangle) = 1, \quad (8.9)$$

allerdings ergibt

$$T (-, t_3; L, t_1; | +, t_1 \rangle) = T (-, t_3; R, t_1; | +, t_1 \rangle) = 0. \quad (8.10)$$

Diese Ergebnisse wären – in Übereinstimmung mit der Born'schen Regel – (also nach Bedingung (B)) – erforderlich. Die *Impulserhaltung* – Bedingung (D) – wird dadurch allerdings ganz klar *nicht* respektiert, da sie (am zweiten Strahlteiler) $L \to -$ implizieren müsste. Aber gerade wegen des Superpositionsprinzips geht am zweiten Strahlenteiler der Zustand $| +, t_1 \rangle$ vollständig in den überlagerten Zustand $| + \rangle$ über. So müssten die Teilchen, die mit dem Strahl ($L \to -$) kommen, am zweiten Strahlteiler auf $+$ ausweichen, anstatt (impulserhaltend) weiterzugehen, wie es Bedingung (D) erfordern würde. Damit verhalten die Bedingungen (A) und (D) sich kontradiktorisch zueinander. Wenn also die Führungsregel die Born'sche Regel bewahren soll, wäre die Erhaltung des Impulses aufgehoben. So die Autor:innen zu diesem Zwischenergebnis, das von (A), (B) und (C) her nicht wünschenswert sein kann.[13]

---

[13] Realism … I:12.

9

Retro-Kausalität in der Emergenz

9.1 Retro-Kausalität in Mach-Zehnder-Interferometern

Die Autor:innen präsentieren hier[1] eine Form von Retro-Kausalität, die sich im Verhalten einer ganzen Klasse von Kausalmengen-Theorien gezeigt hat. Davon betroffen sind auch (überraschend für alle Beteiligten) die uns schon vertrauten *energetischen Kausalmengen (ECS)*. Letztere werden nun, im Rahmen der Berücksichtigung retrokausaler Erweiterungen, als *diskrete* Mengen von Ereignissen (verbunden durch kausale Beziehungen) aufgefasst. Diese Mengen (aus der physikalischen Wirklichkeit) besitzen drei Ordnungen:

(1) eine „Geburtsordnung", die die Zeitpfeil-Reihenfolge nennt, in der *Ereignisse* in der Evolution auftauchen –

---

[1] *Realism and Causality II: Retrocausality in Energetic Causal Sets,* Eliahu Cohen, Marina Cortês, Avshalom C. Elitzur and Lee Smolin3 – arXiv:1902.05082v3 [gr-qc] 1 Nov 2020.

© Der/die Autor(en), exklusiv lizenziert an Springer-Verlag GmbH, DE, ein Teil von Springer Nature 2023
N. H. Hinterberger, *Der Realismus - in der theoretischen Physik,*
https://doi.org/10.1007/978-3-662-67695-0_9

auch als *wahre kausale Ordnung* bzw. Gesamtordnung bezeichnet,

(2) eine dynamische Teilordnung, die die Energie- und Impuls-Flüsse *zwischen* den Ereignissen verwaltet – und

(3) eine grobe kausale Ordnung, definiert durch die Geometrie einer Minkowski-Raumzeit, in der die Ereignisse der Kausalmengen emergent eingebettet sind. Letztere kann allerdings weder die *wahre* kausale Ordnung in „(1)" repräsentieren, noch vollständig auf die mikroskopisch dynamische Teilordnung in „(2)" abgebildet werden. Sie wird deshalb als „ungeordnete Kausalität" bezeichnet.

Insgesamt wird diese Einteilung schon im „*Abstract*" als Strukturierung der Frage verstanden, ob und inwieweit (emergente) Verstöße gegen Kausalität einen besseren Realismus erlauben können. Insbesondere sollte sich damit ein realistischerer Weg zur Lösung der bekannten und (in *Realism and Causality I* schon vorgestellten) *weniger* bekannten Paradoxien der orthodoxen *QM* abzeichnen können. Dazu wird eine neue Art von Retro-Kausalität untersucht, die schon klassisch in dynamischen Systemen (energetischen Kausalmengen-Modellen von Cortês und Smolin) mit einer sogenannten „Vor-Raumzeit" auftauchen.[2] Dieser Ansatz wurde rudimentär schon 1987 in dem Kausalmengen-Modell von Rafael Sorkin (und anderen) behandelt – mit

---

[2]Referenzen aus dem Register von *Realism and Causality II:*„[19] M. Cortês and L. Smolin, *The Universe as a process of unique events,*Phys. Rev. D 90, 084007 (2014), arXiv:1307.6167. [20] M. Cortês and L. Smolin, *Quantum energetic causal sets,*Phys. Rev. D 90, 044035 (2014) arXiv:1308.2206. [21] M. Cortês and L. Smolin, *Spin foam models as energetic causal sets,*Phys. Rev. D 93, 084039 (2016), arXiv:1407.0032. [22] M. Cortês and L. Smolin, *Reversing the Irreversible: from limit cycles to emergent time symmetry,*Phys. Rev. D 97, 026004 (2018), arXiv:1703.09696."

dem *Unterschied,* dass das von Smolin und Cortês vorliegende Modell *den Austausch von Energie und Impuls erlaubt.* Das ist natürlich ein wichtiger Unterschied.

Aus der *ART* haben wir gelernt, dass der Löwenanteil der Information (die in der Geometrie der *Raumzeit* kodiert ist) aus kausalen Beziehungen zwischen Ereignissen besteht. Diese Einsicht hat (im Rahmen von Überlegungen zur Quantengravitation) zu folgender Vermutung geführt:

„quantum spacetime consists most fundamentally of a discrete set of events and their causal relations, and that the geometry of classical spacetime is an emergent and coarse grained description of bulk averages of those fundamental causal relations."[3]

Wenn diese Annahme richtig ist, besitzt das Universum offenbar wenigstens zwei kausale Strukturen:

„(1) the fundamental and microscopic causal structure, which presumably governs the Planck scale, and (2) an emergent, coarsegrained, and macroscopic causal structure, which appears at much larger scales, and at which a description of nature in terms of classical spacetime becomes possible."[4]

Zur hier postulierten *Emergenz* der klassischen Raumzeit gibt es eine ganze Reihe von Arbeiten.[5] Die weitaus meisten Arbeiten zur Kausalität in der klassischen Raumzeit (abgeleitet aus fundamentalen Kausalitäten) vermuten allerdings eine Übereinstimmung von Mikro- und Makrokausalstruktur, was den Pfeil von der Vergangenheit in die Zukunft

---

[3]Referenz der Autor:innen auf ihr [23]: L. Bombelli, J. Lee, D. Meyer and R. Sorkin, *Spacetime as a causal set,* Phys. Rev. Lett. 59, 521 (1987).

[4]*Realism and Causality* II:2.

[5]Außer den Arbeiten [19] bis [23] gibt es in den Referenzen der Autor:innen noch: „[25] J. Ambjorn, A. Gorlich, J. Jurkiewicz and R. Loll, *Nonperturbative quantum gravity,* Phys. Rept. 519 (2012) 127 [arXiv: 1203.3591, hep-th]. [9] J. Ambjorn, J. Jurkiewicz and R. Loll, *Emergence of a 4D world from causal quantum gravity,* Phys. Rev. Lett. 93 (2004) 131301 [hep-th/0404156], *Reconstructing the universe,* Phys. Rev. D 72 (2005) 064014 [hepth/0505154]. [26] For an introduction to spin foam models, see C. Rovelli and F. Vidotto, *Covariant Loop Quantum Gravity,* Cambridge University Press, 2014." („[ ]" sind Autoren-Referenzen.)

angeht. Diese Vermutung wird von den Autor:innen in *Realism and Causality II* indessen nicht aufrechterhalten.

Die Fundamentalstruktur (mit daraus abgeleiteter Entstehung einer makroskopischen Raumzeit), ursprünglich in [19][6] von *Smolin und Cortês* entwickelt, wurde in ihren nachfolgenden Arbeiten insofern korrigiert, als die Autor:innen (über direkte numerische Simulationen, die auf eigene MZI-Experimente aufsetzen) zeigen konnten, dass die Kausalitäten „(1)" und „(2)" oft *nicht* übereinstimmen. Das wird sogar als das wichtigste Ergebnis der Arbeit genannt. Dieses Phänomen wird dann, wie schon erwähnt, als „ungeordnete Kausalität" oder „Diskausalität" bezeichnet. Bei den zugehörigen numerischen Rechnersimulationen zeigt sich entsprechend eine Art „Zick-Zack"-Verhalten der Zeit relativ zum kausalen Zeitpfeil „(1)".[7]

Ergebnis der Untersuchungen ist jedenfalls, dass der makroskopische bzw. emergente Zeitpfeil, gemessen von makroskopischen Uhren, umgekehrt werden kann (siehe auch Einsteins Uhren). Die Reihenfolge echter Kausalität „(1)" kann dagegen nie umgekehrt werden. Das diskausale Verhalten bleibt also ganz im klassischen Bereich.

Bevor wir zu den Details des permanenten materiellen *Werdens* im Rahmen des Zeitpfeils kommen, zitieren wir zwei wichtige Postulate der Autor:innen: „(…) 1. the underlying laws of fundamental physics are time asymmetric, not time symmetric, as is the common belief;" und „(…) 2. causality is the fundamental principle governing all physical processes."

Es wird also davon ausgegangen, dass im grundlegenden Regime der Quantengravitation die Gesetze Letzterer *in einer Zeitkoordinate vom Rang des Zeitpfeils* nicht umkehrbar

---

[6]M. Cortês und L. Smolin, *The Universe as a process of unique events,* Phys. Rev. D 90, 084007 (2014), arXiv:1307.6167.

[7]Die entsprechenden Grafiken und Diagramme können wir hier nicht abbilden – rechtliche Gründe.

sind. Ziel des Programms sei es daher: „(…) to place the arrow of time as a main ingredient in the dynamics of the universe at all regimes.“[8]

9.2 Unablässiges Heraklit-Werden – statt Parmenides-Sein

Um eine einleitende Zusammenfassung zu geben: Energetic Causal Sets *(ECS)* werden klar als *physikalische* Mengen vorgestellt. Sie *sind* Energie-Impuls-Flüsse zwischen kausal verknüpften Mengen von Ereignissen. *Sie* werden zeitpfeilintegriert als fundamental – die klassische Raumzeit als emergent – definiert. Grundlegende Eigenschaften von Energie und Impuls werden durch die Erhaltungssätze Letzterer beschrieben.

Die Autor:innen haben einen neuen Entstehungsmechanismus für die Minkowski-Raumzeit angegeben, der kausal aus Energie-Impuls-Prozessen stammt und sich emergent in der Raumzeit entwickelt. Die Emergenz der Raumzeit wurde schon für ein (1+1)D-Modell gezeigt. Es besteht aber auch die Hoffnung auf die Erweiterung auf ein (3+1)D-Modell mit dem gleichen Ergebnis (Details bisher unveröffentlicht). Höherdimensionale Modelle (bei denen die Dimension für jedes Ereignis numerisch durch die Anzahl der Eingangs-Ausgangs-Ereignisse gesteuert wird) wurden ebenfalls untersucht. Allerdings lassen die Ergebnisse hier zunächst eher keinen Raum für ein realistisches Bild.

Außerdem enthält dieses Grundsatzpapier Möglichkeiten zur Erzeugung emergenter gekrümmter Raumzeiten („die noch weiterentwickelt werden“). Darüber hinaus konnte

---

[8] *Realism … II* :4.

von W. M. Wieland[9] gezeigt werden, dass sich der neue Mechanismus zur Raumzeit auf den Spin-Schaum-Formalismus abbilden lässt. Es ist sogar von einer Identifizierung von *Spin-Schaum-Modell* und *ECS* die Rede. Passend dazu konnte von Marina Cortês und Lee Smolin gezeigt werden, dass auch der Spin-Schaum-Mechanismus den für ihre Arbeiten charakteristischen Übergang von fundamental zeitasymmetrischer Phase zur Quasizeitsymmetrie der Raumzeit reproduzieren konnte.[10] Das wurde erreicht durch die Erfassung sogenannter „Grenzzyklen" dynamischer Systeme in Korrespondenz mit *ECS*. Die bilden nämlich beide die fundamental irreversible Entwicklung *in der Frühphase* ab und simulieren *langfristig* auch beide ein zeitlich reversibles System – in Form der Grenzzyklen eben.

Aus diesen Ergebnissen leiten die Autor:innen eine *effektive* Raumzeit ab, in der sich durch ein irreversibles Naturgesetz eine zeitlich symmetrische Beschreibung „zu späteren Zeiten" ergibt, die sich emergent auf *großen* Skalen zeigt. Die Allgemeine Relativitätstheorie wird in diesem Zusammenhang als eine „Spätzeitgrenze" einer zeitasymmetrischen Theorie modelliert, die den Übergang von fundamental (irreversibler) zu emergent (reversibler) Dynamik (in allen Vergleichen) am besten beschreibt.

Auf der Suche nach Möglichkeiten, die *ART* (nun sozusagen andersherum) zu einer zeitasymmetrischen bzw. fundamentalen Theorie umzudrehen, wurden dennoch *zwei* sehr interessante gefunden:

---

[9]W. M. Wieland, *A new action for simplicial gravity in four dimensions*, Class. Quantum Grav. 32, 015016 (2015), arXiv:1407.0025.

[10]M. Cortês and L. Smolin, *Reversing the Irreversible: from limit cycles to emergent time symmetry*, Phys. Rev. D 97, 026004 (2018), arXiv:1703.09696.

„In [32], we introduced a new class of gravity models that extends general relativity by introducing a term proportional to the momentum, which therefore breaks time-reversal symmetry."[11]

Eine interessante Idee – denn Impulsverläufe kann man natürlich sinnvoll nur mit fundamentalem Zeitpfeil beschreiben. Man verglich dazu die Vorhersagen der Modelle mit den (augenblicklich verfügbaren) kosmologischen Zwangsbedingungen.[12] Und:

„Then in [34] we found a time-asymmetric extension of general relativity in which both Newton's constant and the cosmological constant become evolving, conjugate degrees of freedom."[13]

Im Folgenden werfen wir noch einmal einen Blick auf die Dynamik der von Smolin und Cortês entwickelten *ECS*-Modelle. Die Dynamik entwickelt sich hier eingebettet in die Evolution des Universums, verstanden als ein gewaltiger Prozess *einzigartiger* Ereignisse. Kein individueller Vorgang wiederholt sich.[14]

9.3 Geburtsfolge in der *ECS*-Raumzeit-Geschichte

Die Ereignisse werden hier – vor allem auch im Rahmen einer stimmigen Definition des *Gegenwartsbegriffs* – *in eine*

---

[11] *Realism and Causality II: Retrocausality in Energetic Causal Sets,* Eliahu Cohen, Marina Cortês, Avshalom C. Elitzur and Lee Smolin3 – arXiv:1902.05082v3 [gr-qc] 1 Nov 2020:5. „[32]" ist: M. Cortês, H. Gomes, and L. Smolin, *Time asymmetric extensions of general relativity,* Phys. Rev. D 92, 043502 (2015) arXiv:1503.06085.

[12] M. Cortês, A. R. Liddle, and L. Smolin, *Cosmological signatures of time-asymmetric gravity,* Phys. Rev. D 94, 123514 (2016); arXiv:1606.01256.

[13] *Realism and Causality II: Retrocausality in Energetic Causal Sets,* Eliahu Cohen, Marina Cortês, Avshalom C. Elitzur and Lee Smolin – arXiv:1902.05082v3 [gr-qc] 1 Nov 2020:5. „[34]" ist: L. Smolin, *Dynamics of the cosmological and Newton's constant,* Class. Quantum Grav. 33, 025011 (2016), arXiv:1507.01229.

[14] M. Cortês and L. Smolin, *The Universe as a process of unique events,* Phys. Rev. D 90, 084007 (2014), arXiv:1307.6167.

„*Geburtsfolge*" I, J, K = 1, 2, 3, … eingebettet. Jedem dieser Ereignisse wird (wie in Kap. 7 schon entwickelt) ein Energie-Impuls-Vektor p_a^I zugesprochen, der im Impulsraum $\mathcal{P}$ lebt (a steht wieder für die Teilchenliste). Wir kennen auch schon die Kausalverknüpfung $< I J >$ zwischen zwei einzelnen Ereignissen, die (durch ein Impulspaar) ein „Elternteil" mit einem „Kind" verknüpft. Das ist (als Elternteil) der *ausgehende* Energieimpuls p_{aK}^I, der von K zu I übertragen wird, und (als Kind) der *eingehende* Impuls bei I, von K kommend, weitergehend in einer Kausalkette zu L etwa – nun mit I als Elternteil q_{aI}^L:

„The difference between them, parameterized by a parallel transport matrix, which we call the redshift, is where the spacetime curvature may be coded. It is set to zero by a constraint in the models we have studied so far."[15]

Neu hinzu kommt außerdem die Nennung eines sogenannten „Ereignisgenerators", der aus allen Paaren von Mitgliedern der Gegenwart die beiden auswählt, „die Eltern des nächsten Ereignisses sein werden." So wird – in der Summe – eine ganze *ECS*-Raumzeit-Geschichte verursacht. Es wird bei jedem Schritt (bspw. STEP$_I$) ein neues Ereignis ($E_I = I$) aus *zwei* existierenden Ereignissen (den Kausalitäts-„Eltern") kreiert. Die resultierende „Kinder"-Zahl wird ebenfalls auf *zwei* begrenzt (*diskret* geschieht das alles in der Kausalverknüpfung zweier einzelner Ereignisse durch ein Impulspaar – also etwa $p_{aK}^I \rightarrow q_{aI}^L$). Bei jedem Schritt können wir nun *die* Elternereignisse als *Vergangenheit* bezeichnen, deren Erbfolge mit *zwei* Kindern sozusagen abgesättigt ist – sie können nicht mehr kausal in die Gegenwart wirken wie etwa Ereignisse mit (bisher) nur einem oder keinem Nachfolger. Letztere werden in der *Gegenwart* angesiedelt.

---

[15]Realism …II:6.

Die Gegenwart wird als „dicht" charakterisiert, da nur hier Kausalverbindungen aktuell *bestehen* können. Ihre Vergangenheit (als viele *erloschene* Gegenwartsmomente) ist dagegen *vorbei* – und ihre Zukunft existiert eben *noch nicht*.

„At each step, the event generator performs an optimization over all pairs of members of the present to choose the two that will be parents to the next event."[16]

Also, jeder Schritt des Ereignisgenerators wirkt als Optimierung aller gegenwärtigen Paare, indem er die Eltern des nächsten Ereignisses kausal auswählt. Sobald ein Kinderpaar der Gegenwart durch seine kausalen Eltern generiert ist, werden Energie und Impuls von diesen Kindern (jetzt selbst Eltern) auf die *neuen* Kinder *unter bestimmten Bedingungen* verteilt. Und diese Bedingungen (Zwangsbedingungen) sind durch die *Erhaltungssätze* gegeben. Die Gleichung ist in unserem Abschn. 7.1.2 schon zitiert worden – daselbst ist auch die Gleichung für *No Redshifts* schon gegeben.[17]

In „(7.5)", also in der Gleichung für die Energie-Impuls-Erhaltungen, bezieht sich die Summe über K auf alle Ereignisse, mit denen I in der Vergangenheit in Verbindung stand, und die Summe über L bezieht sich auf alle Ereignisse, mit denen I in der Zukunft in Verbindung stehen wird. Das Ergebnis dieser Summendifferenz ist null, weil keine Energie hinzukommt oder verloren geht. Für die Eliminierung der Rotverschiebung gilt dasselbe Nullsummenergebnis.

Im Folgenden werden uns auch *Energie-Impuls-Beziehungen* für *Bosonen* vorgestellt – im Original Gl. (3). Das jeweilige Raumzeit-Intervall wird durch η^{ab} (Minkowski-Metrik) definiert:

$$C_K^I = \frac{1}{2}\eta^{ab} p_{aK}^I p_{bK}^I = 0, \qquad \tilde{C}_K^I = \frac{1}{2}\eta^{ab} q_{aK}^I q_{bK}^I = 0. \qquad (9.1)$$

---

[16] Realism … II:6.
[17] Im Original (*Realism…* II:6) sind es die Gleichungen (1) und (2).

„These may be expressed by a totally constrained action, which is extremized at each step to determine the energy momentum transmitted from the parents to the children; these are attached to causal links labeled by both the parent and the child."[18]

Auf den Nutzen von Extremalisierungen (Minimalisierung bzw. Maximalisierung von Größen) sind wir oben schon allgemein eingegangen. Hier geht es speziell darum zu zeigen, dass auf Quantenebene in Bezug auf den Energieimpuls *jeder gegenwärtige* Evolutionsschritt (also von Gegenwart zu nächster Gegenwart) extremalisiert wird, anders als bei der Beschreibung des klassisch sequentiellen Wachstums, bei dem nicht zwischen Vergangenheit und Gegenwart unterschieden wird.

Die *Wirkung S* wird durch die Lagrange-Multiplikatoren gegeben, um die Nebenbedingungen auszudrücken – im Original (4).

$$S^0 = \sum_I z_I^a \mathcal{P}_a^I + \sum_{(I,K)} (x_K^{aI} \mathcal{R}_{aI}^K + \mathcal{N}_I^K \mathcal{C}_K^I - \tilde{\mathcal{N}}_I^K \tilde{\mathcal{C}}_K^I). \qquad (9.2)$$

Dabei wird die Summe *(I, K)* über alle kausal verknüpften Ereignispaare gebildet. Die Lagrange-Multiplikatoren-Punkte z_I^a dienen als „label points" im Dualraum $\mathcal{M}$. (Die Lagrange-Multiplikatoren selbst werden $\mathcal{N}$ bzw. $\tilde{\mathcal{N}}$ notiert.) Im einfachsten Fall kann der Impulsraum offenbar als flach mit n-dimensionaler Mannigfaltigkeit – mit einer Minkowski-Metrik – gewählt werden. Sein Dualraum $\mathcal{M}$ erbt dann die Metrik des Impulsraums. Dies kann nun als *emergente* Beschreibung der Kausalmengen-Raumzeit betrachtet werden, in der die Ereignisse eben durch Punkte z_I^a dargestellt werden. „These are found by varying the action by the energy momentum vectors incoming and outgoing on each causal link."[19]

---

[18] *Realism* ... II:7.
[19] *Realism...* II:7.

Und das sind die möglichen *Variationen* der Wirkungen:

$$\frac{\delta S^0}{\delta p_{aK}^I} = z_I^a + x_I^{aK} + \mathcal{N} p_K^{aI} = 0. \qquad (9.3)$$

Im Original Gl. (5).

$$\frac{\delta S^0}{\delta q_{aI}^K} = z_K^a + x_I^{aK} - \tilde{\mathcal{N}} q_I^{aK} = 0. \qquad (9.4)$$

Im Original Gl. (6) – und
„Adding these two equations and using $\mathcal{R}_I^K = 0$" finden wir:

$$z_I^a - z_K^a = p_K^{aI} (\tilde{\mathcal{N}}_I^K - \mathcal{N}_I^K). \qquad (9.5)$$

Im Original Gl. (7).
z_I^a steht für den Lagrange-Multiplikator, der das Ereignis I an einem „kritischen Punkt" repräsentiert.[20] Das Raumzeit-Intervall zwischen K und I schreiben die Autor:innen dann $z_I^a - z_K^a$. Es wird als *lichtartiges* (also lokal aufgefasstes) Intervall verstanden, das proportional zum Impuls p_K^{aI} ist und das Ereignis K mit dem Ereignis I verknüpft. Die Proportionalitätskonstante umfasst die Lagrange-Multiplikatoren $(\tilde{\mathcal{N}} - \mathcal{N})$. Die Lösung wird nun so gewählt, dass die durch η^{ab} definierte Kausalstruktur per $z_I^a - z_K^a$ *in die Zukunft weist*, wenn I das Kind von K ist (falls alles lokal in $\mathcal{M}$ existiert). Zur Vervollständigung der Definition der *emergenten Raumzeit* benötigt $\mathcal{M}$ eine globale Struktur plus zeitlicher Orientierung. Dazu wurde von den Autor:innen eine periodische räumliche „Identifizierung" konstruiert, die $\mathcal{M}$ zu einem zylindrischen Universum macht.

---

[20] Unter Lagrange-Multiplikatoren versteht man (allgemein) Lösungen von Optimierungsproblemen (mit Nebenbedingungen), die ein lokales Extremum einer Funktion mit Veränderlichen plus Nebenbedingungen als Nullstellen (oder kritische Punkte) der jeweiligen Funktion interpretieren.

In diesem Bild denkt man dann fast unmittelbar an einen Zeitpfeil, der die emergenten „Zickzack"-Bewegungen (gewissermaßen *lokal* beschränkt auf den Durchmesser des Zylinders) in eine gesamtevolutionäre Vorwärtsbewegung Δt integrieren kann – wie grobkörnig auch immer.

„The identification may involve a shift along a time like direction, Δt, and we note that this affects the causal structure of $\mathcal{M}$, but not the birth order or the dynamically generated intrinsic partial order, connecting children to parents, and governing the flow of energy-momentum."[21]

Und dass diese beiden partiellen Ordnungen nicht übereinstimmen müssen, um – jede auf ihrer Skala – zu funktionieren, zeigen die Autor:innen in ihren numerischen Simulationen. Dabei stellt sich nämlich heraus, dass sich eine zeitliche Verschiebung auf $\mathcal{M}$ auswirken kann, aber eben nicht auf die dynamisch erzeugte intrinsische Teilreihenfolge, die den fundamentalen Energie-Impuls-Fluss bestimmt.

9.3.1 Phänomenologie der retrokausalen Beziehungen

Wenn man annimmt, dass die *fundamentalen* Gesetze Zeitasymmetrisch sind, kann man offenbar (in den Diagrammen der Simulationen[22]) für eine bestimmte Klasse dynamischer Systeme (nämlich für die *ECS*-Modelle) zeigen, dass (bei Einbettung in die emergente Minkowski-Raumzeit) eine relativistische Teilchendynamik aus ihnen hervorgeht, die *umkehrbar* ist. *Nur hier* – also makroskopisch eingebettet – entsteht die scheinbare Retro-Kausalität mikroskopischer Systeme. Genau dieselbe Art von emergenter Einbettung (Mikrosystem in scheinbar gewaltige Makroräume) sehen wir auch beim Verschränkungs-Phänomen.

---

[21] *Realism* … II:7.
[22] Die wir hier aus rechtlichen Gründen nicht übernehmen können.

Betrachtet man diese Phänomene also *nicht* als fundamental, ist man vielleicht auch eher geneigt, zur Vorstellung eines Raumes zu konvertieren, in welchem *nur noch gekrümmte* Räume (aufgrund der in ihnen gespeicherten Masse/Energie) berücksichtigt werden.

Um bei den Simulationen zu klaren Ergebnissen zu gelangen, beschränkten sich die Autor:innen auf ein 1+1-Modell für den numerischen Rechnertest einer großen Menge von Parametern mit unterschiedlichen Anfangsbedingungen (in Form entsprechender Algorithmen).

Die erste Abbildung („Figure1") entwickelt sich algorithmisch nach einem typischen *ECS*-Modell. Hier in einer *zyklischen* – als expandierender und wieder kontrahierender Kreis gezeichneten – Raumdimension x (Bojowald-Kosmologie) und *einer* Zeitdimension *entlang* des (daraus folgenden Zylinders) für den Zeitverlauf Δt. Der Durchmesser dieses Zylinders kann dann (über Extremalisierungen) verkleinert oder vergrößert berechnet werden, um evolutionär kontrahierenden bzw. expandierenden Raum (in den sich gegenseitig ablösenden Zyklen) darzustellen. Die Raumgröße kann sich also widerspruchsfrei am Ende des jeweiligen Zyklus umkehren bzw. reversibel sein, wenn man so will – und auch prinzipiell ad infinitum gedacht werden. Der *fundamentale Zeitpfeil* dagegen zeigt *nie* eine reverse Bewegung – er verläuft immer nur in Richtung Zukunft.

Die Abbildung zeigt 20 verschiedene Familien in ihren kausalen Erbfolgen bei 10.000 Ereignissen. Wenn man diesen Verlauf nun in eine vereinfachte makroskopische (1+1)d-Minkowski-Raumzeit einbettet, zeigt sich *zu späteren Zeiten* (also weiter rechts auf dem Diagramm), wie die Punkte (für die einzelnen Ereignisse) in Linien übergehen, „which we call quasi-particle trajectories. This marks the transition of the time irreversible to the time reversible phase."[23] Die unterschiedlichen

---

[23] *Realism…* II:8.

Farben für die horizontal im Zeitverlauf Δt angeordneten Punkte und Linien stehen für die unterschiedlichen „Familien" von Kausal- bzw. Ereignis-Geschichten.[24] Alle Punkte in diesem Diagramm stellen Ereignisse in Kausalmengen dar, wobei jedes individuelle Ereignis einen „Schnittpunkt für Lichtkegel von Teilchen" markieren soll, die in dieser Konfiguration nur im Energie-Impulsraum leben:

„Different colors denote different families of ancestry as per the usual ECS model. The number of families denotes the number of degrees of freedom in the initial conditions. This is simply how many distinct elements there are at $t = 0$. These elements will interact, create new events, and generate their own family."[25]

Neue Ereignisse werden „familiär" gespeichert in einem der Vorgängerereignisse. Der Übergang zur symmetrischen Phase, also zur späteren relativistischen und retrokausalen Emergenz wird durch das Auftreten von „Quasiteilchen-Transportvorgängen" signalisiert. Die Autor:innen beobachten das System nun über zwei Phasen. Es beginnt zunächst in einer ungeordneten Phase gefolgt von einer geordneten:

„This two-phase structure was observed in runs with a wide variety of choices for the algorithm generating the events. Each causal set begins with a period of apparently chaotic behaviour, embodied by structureless and disordered spacetime positions, which reveal the time asymmetry of the algorithm."[26]

Die Ereignisse bilden in der frühen Phase ein grobes und unkorreliertes Muster ihrer räumlichen Positionen. In dieser Phase ist das Muster aber bei Zeitumkehr asymmetrisch.

---

[24]Man kann sie sich in dem Papier der Autor:innen (auf arXiv.org) übrigens jederzeit ansehen.

[25]*Realism* … II:9.

[26]*Realism* … II:9.

Zu späteren Zeiten werden dann (schon jeweils für kurze Zeit) stabile Trajektorien sichtbar. Die werden interpretiert als familiäre Verknüpfungen zwischen Paaren im Kausalnetzwerk und dauern dann zunehmend länger an (je weiter rechts im Diagramm sie auftauchen). Am Ende führen sie zu Bahnen von „Quasiteilchen" in der Minkowski-Raumzeit-Einbettung. In dieser sogenannten „looked-in-phase" sind die Muster – erzeugt von den Ereignissen – bei Zeitumkehr invariant. Deshalb signalisiert diese Entstehung von Quasiteilchen den Übergang von Zeit-Asymmetrie zu Zeitsymmetrie. Damit wird deutlich, dass eine zeitlich lineare Asymmetrie grobkörnig in eine *scheinbar* zeitsymmetrische Entwicklung übergehen kann, emergent eben. Die Autor:innen machen klar, dass es sich hierbei um kein triviales Ergebnis handeln kann, da die zugrunde liegende algorithmische Regel während der gesamten Kausalmengen-Entwicklung in *ECS* zeitlich asymmetrisch ist.

10

Komplex und diskret

10.1 Der komplexe Realismus – bei Lee Smolin, Marina Cortês und Clelia Verde

In einem Papier von 2019[1] fordern die Autor:innen eine durchaus auf der Hand liegende *Erweiterung des Realismus* nicht einfach nur auf die Erkenntnis-Funktionen des Gehirns, sondern auch auf deren kausale Auswirkungen: aus der Vergangenheit kommend, in der Gegenwart wirkend und (wo die jeweilige Energie ausreicht) weiter in die Zukunft wirkend – um Energie-Impuls-Kausalitäten bzw. deren Erbfolgen wirklich komplett erfassen zu können.

Was dabei in der Gegenwart durch (*materialistisch* verstandene) Bewusstseinsarbeit *(Gehirntätigkeit)* samt anhängender Handlungen hinzukommt, wird in den Ereignissen/Prozessen dann als jeweilige *evolutionäre Neuheit*

---

[1] Physics, time and qualia, Marina Cortês, Lee Smolin and Clelia Verde – Milano 2019: https://www.researchgate.net/publication/354378706_Physics_Time_and_Qualia.

N. H. Hinterberger, *Der Realismus - in der theoretischen Physik*, https://doi.org/10.1007/978-3-662-67695-0_10

verstanden. Das muss übrigens nicht den makroskopischen Determinismus gefährden, wenn man diese jeweiligen *neu gerichteten* Kausalitäten (von der Entstehung her gebunden natürlich immer an einzelne Individuen) von vornherein als echte *Freiheitsgrade* auf der Ebene der Willens- bzw. Handlungsfreiheit definiert.

Die Auswirkungen dieser *biologisch* evolutionären Funktionen (des Gehirns/Körpers – auch anderer Tiere) werden von psychophysischen Dualisten aller Art ja gewöhnlich recht unscharf dem „Geist", der „Psyche" oder dem „Bewusstsein" zugeschrieben – und das in der Regel ohne neurologische Implikation, also ohne hinreichende Einsicht in die Tatsache, dass das alles nicht irgendwie „immateriell über uns schwebt".

Der monistisch-*materialistische* Realismus beschreibt diese Vorgänge dagegen als *komplett* materielle Kausalitätsfunktionen, die in uns existieren und *in Form von Handlungen* (als echte evolutionäre Neuheiten) aus uns heraus *wirken* können – immer innerhalb von materiellen Prozessen, ebenso wie alles andere Unbelebte mit seinen kausalen Wechselwirkungen, das gewissermaßen „durch uns hindurchgeht".

Das, was Organismen dabei in der Umweltwahrnehmung entschlüsseln (insbesondere durch das Gehirn – haptisch, olfaktorisch, akustisch, visuell eingebettet), sind die sogenannten *Qualia,* zusätzlich zu den rein quantitativen Verhältnissen – die in der Physik seit je (und natürlich auch zu Recht) prominenter behandelt werden.

Aber diese Qualitätseinschätzungen werden letztlich ja ebenfalls von Gehirnen gemacht, also müssen auch sie mit entsprechenden materiellen Energieprozessen *identifiziert* werden. Die Folgen dieses Gewahrwerdens bzw. dieser Hypothesenbildungen sind als Umweltorientierung (inklusive Introspektion) wohl nahezu regelmäßig mit individuellen Entscheidungen samt anhängenden Handlungen von Lebewesen verknüpft, die in einer kompletten physikalischen Beschreibung natürlich ebenso in Kausalketten-Beschreibungen von Energie und Impuls eingehen müssen wie andere physikalische Wirkungsketten, die nicht von Individuen beeinflusst werden (wenn man das ganze Bild haben will).

In einem noch jüngeren Papier „*The quantum mechanics of the present*" werden bestimmte Ableitungen – aus diesem komplexen und in der traditionellen Physik (oder im „Physikalismus", wie Smolin das nennt) bisher eher unterrepräsentierten Thema – expliziert und sehr detailliert bearbeitet. Schon im *Abstract* lesen wir:

„We propose a reformulation of quantum mechanics in which the distinction between definite and indefinite becomes the fundamental primitive." [2]

Offenbar waren sich Schrödinger, Dyson und Heisenberg zumindest darin einig, dass die *Vergangenheit* sich nicht in Wellenfunktionen und Operatoren behandeln lässt. Das heißt, die Unschärferelation lässt sich nicht auf die Vergangenheit anwenden. Die Autor:innen schlagen in diesem Kontext vor: „that the distinction between past, present and future is derivative of the fundamental distinction between indefinite and definite."

Die Unterscheidung zwischen „bestimmt" und „unbestimmt" wird dabei zum *grundlegenden Primitivum* gemacht, indem der Übergang von der *realen* Unbestimmtheit der lokalen wie der nonlokalen Quantenwelt (in Superpositionen und noch mehr in Verschränkungen) *in Ereignissen* am Ende zur *wahrgenommenen* Bestimmtheit der klassisch-emergenten Welt wird. *Zeitlich* ist das eine Transition zwischen Vergangenheit, Gegenwart und Zukunft. Als *Prozesse* definieren die Autor:innen entsprechend die *kausalen Übergänge* von einem Ereignis zu einem anderen Ereignis.

---

[2] Lee Smolin, Clelia Verde: arXiv.org > quant-ph > arXiv:2104.09945, 2021.

Werner Heisenberg hatte – ungeachtet seines grundsätzlich stark antirealistischen Settings bezüglich der Quantentheorie – durchaus ebenfalls die Einsicht investiert, dass seine Unschärferelationen sich nicht auf die Vergangenheit beziehen können.

In seinem *The Physical Principles of the Quantum Theory* hatte Heisenberg festgehalten, dass sich die Unschärferelation nur auf den Grad der Unbestimmtheit in der jeweils *gegenwärtigen* Kenntnis *gleichzeitiger* Werte verschiedener Größen bezieht.

Nehmen wir an, dass die Geschwindigkeit eines freien Elektrons genau bekannt ist, während die Position völlig unbekannt ist, besagt das Prinzip bekanntlich, dass jede nachfolgende Beobachtung der Position den Impuls um einen unbekannten und unbestimmbaren Betrag verändert, „such that after carrying out the experiment our knowledge of the electronic motion is restricted by the uncertainty relation."

Mit Observation ist bei ihm *immer* nur eine *Messung* gemeint. Das Wissen ist also deshalb eingeschränkt, weil Experimente in Form von Messungen ein bestimmtes Teilwissen über ein System vernichten, das in früheren Experimenten mit demselben gewonnen wurde. Aber dieses Wissen ist eben nicht beschränkt hinsichtlich der Einzelmessungen des Ortes oder der Geschwindigkeit. Insbesondere können wir vergangene Werte ableiten. Heisenberg räumt in diesem Zusammenhang ein:

„(…) that the uncertainty relation does not refer to the past: if the velocity of the electron is at first known and the position then exactly measured the position for times previous to the measurement may be calculated. Thus for the past times $\Delta x \, \Delta p$ is smaller than the usual limiting value (…)."[3]

---

[3] W. Heisenberg, *The Physical Principles of the Quantum Theory,* Dover, New York,1949, p. 20). Oder (ursprünglich): *Physikalische Prinzipien der Quantentheorie* – BI Hochschultaschenbuch, 1930.

Er behauptet dann aber, dass dieses Wissen einen rein spekulativen Charakter habe und es eine Frage der persönlichen Überzeugung sei, ob man dieser Vergangenheitsberechnung irgendeine physikalische Relevanz zusprechen wolle. Heisenbergs Begründung: Dieses Wissen könne ja in keinem Fall für eine Berechnung des weiteren Weges des Elektrons zur Verfügung stehen – und somit auch nicht experimentell überprüft werden.

Wenn man sich hier allerdings nicht vorsätzlich (antirealistisch) dumm stellen möchte, könnte auffallen: Die Vorhersage der Born'schen Wahrscheinlichkeitsverteilung (der Orte) *wird* durch hohe Experiment-Redundanz überprüft und leistet über die damit entstehende Normalisierung genau das, was Heisenberg hier angeblich fehlt. Sie sagt uns zwar nichts Definitives über den Weg (aufgrund der „unterwegs" – von der Wellenkomponente – verursachten „Sprunghaftigkeit" des Elektrons), aber sie sagt uns Definitives über den *experimentell* normalisierten „Landungsort" des Elektrons, was ja viel wichtiger ist – und im Übrigen eine *Erklärung* liefert für die genauen Verteilungsvorhersagen der *QM*.

Die Autor:innen schlagen in diesem Zusammenhang jedenfalls (in plausibler Strukturierung) vor, dass Unterscheidungen zwischen Vergangenheit, Gegenwart und Zukunft Ableitungen grundlegenderer Unterscheidungen zwischen quantenmechanischer Unbestimmtheit und makroskopischer Bestimmtheit sein könnten. Denn dieses Bild könnte man in der Tat völlig natürlich abbilden auf Skalenübergänge zwischen Quantenwelt und klassischer Welt – wie sie uns bspw. in Dekohärenz-Tabellen vorliegen. Dekohärenz führt (richtig verstanden) immer zu emergenter bzw. makroskopischer Bestimmtheit.

Damit würde ein tragfähiger *Präsentismus* formuliert, der *Ereignisse* als Transitionen von Unbestimmtem zu Bestimmtem definiert. Prozesse sind dann Übergänge von einem Ereignis zu einem oder mehreren anderen.

Vollständig bzw. definit existiert dabei ein Ereignis nur in einer Art atomarer „Wimpernschlagzeit" – hier *Moment* genannt.[4]

Anders als in einem Blockuniversum (in dem die Zeit in einer Art „Ver-räumlichung" – gewissermaßen als vierte „Raum-Begleitdimension" – immer schon „vorliegt") können hier *weder Vergangenheit noch Zukunft existieren* – die Vergangenheit nicht, weil sie eben vergangen ist, die Zukunft, weil sie noch nicht existiert. Smolin und Verde schlagen vor, die klassisch passiv idealisierten Zeitkoordinaten durch *evolutionär aktive* zu ersetzen. Die Gegenwart eines *zukünftigen* Ereignisses soll dann gemessen werden als eine Art Countdown bis zu diesem *dann* gegenwärtigen Moment.

10.2 Qualia in der Zeit

Um aber zu *Physics, Time and Qualia* zurückzukehren[5]: In ihrem *Abstract* mutmaßen die Autor:innen, dass die größten Wissenschaftsprobleme vielleicht einer gemeinsamen Lösung zugänglich sind: Die Probleme, die hier genannt werden, sind: 1) die Grundlagenprobleme der Quantentheorie, 2) das Problem der Quantengravitation, 3) die Rolle der Qualia und des Bewusstseins und 4) die Natur der Zeit. Sie beginnen mit der Antwort auf die Frage, was ein Ereignis ist:

„(…) an event is a process in which an aspect of the world which has been indefinite becomes definite. We build from this an

---

[4] Dieser Ausdruck hat nicht nur inhaltlich eine plausible Beziehung zum Impuls bzw. Momentum, er führt auch semantisch zu mehr Ambivalenz-Freiheit als die leidigen „Nows", vor allem die in der Definition von Julian Barbour – wo sie zu allem Überfluss in einem als fundamental angenommenen *Raum* verschwinden, also gewissermaßen zurückkehren ins Setting eines Blockuniversums.

[5] Marina Cortês, Lee Smolin and Clelia Verde, https://www.researchgate.net/publication/354378706_Physics_Time_and_Qualia. S. 13.

architecture of the world in which qualia are real and consequential and time is active, fundamental and irreversible."

Man könnte (in Bezug auf den letzten Satz) vielleicht materialistisch noch etwas klarer von Gehirn-Körper-Prozessen reden, die diese Qualia – bzw. falliblen Erkenntniskonstruktionen – *schaffen*. Denn es gibt sie ja nicht ohne Lebewesen bzw. „unabhängig" in der Natur. Man könnte also vielleicht auch allgemein sagen: *Alle* Empfindungen sind nur Reaktionen auf Erkenntnisversuche – auch die gewissermaßen „automatischen" Hunger- und Durstempfindungen.

Im zweiten Abschnitt ihres Papiers beschreiben die Autor:innen im Übrigen selbst ein Ereignis *als* Prozess. Ich hatte weiter oben darauf hingewiesen, dass man das *fein*bestimmt auch gar nicht vermeiden kann, eben weil jedes Ereignis wenigstens einen winzigen „Moment" dauert, so dass hier der gewöhnlich ohnedies stark idealisierte Zustandsbegriff nicht trägt (Letzterer wird im übrigen auch von den Autor:innen nicht mit dem Ereignisbegriff vermengt). Die *terminologische* Trennung der verschiedenen Mechanismen stört das ohnedies nicht. Denn hier ist die Rede von einem *bestimmten* Prozess – nämlich vom *Werden* des Unbestimmten zum Bestimmten. Das kann man, wenn man einen sehr kurzen Prozess modellieren möchte, auf einige wenige Zeitatome abbilden – ohne dabei in einen idealisierten Zustandsbegriff abzustürzen.

Etwas zur Logik der Erkenntnispsychologie: Bevor wir eine Gefahr erkannt haben, verfügen wir nicht über die Empfindung der Angst. Die Qualia sind also *Erkenntnisfunktionen,* die – wenn auch prinzipiell epistemologisch fallibel – als elektrochemische Prozesse real und folgerichtig existieren bzw. sich materiell-kausal in der Welt befinden. Sie existieren aber immer nur zur Zeit der Produktion (zur Zeit der Enkodierung oder Dekodierung welcher realen Phänomene auch immer) – im Rahmen der ihnen zugrunde liegenden (momentanen) materiellen Wechselwirkungen bzw. der entsprechenden Prozesse/Ereignisse *in Gehirnen.*

Qualia sind also Erkenntnis-*Konstruktions-Produkte* sekundärer bzw. subjektiver oder doch allenfalls intersubjektiver Art. Und das liegt daran, dass sie epistemisch nicht über Interpretations*versuche* des Gehirns hinausgehen. Qualia sind (logisch betrachtet) das *epistemisch fallible* Ergebnis von Umwelt-Orientierungs-Funktionen des beeindruckendsten Organs, das wir kennen.

Natürlich geht es den Autor:innen hier in der Hauptsache darum zu zeigen, welche einzigartigen und unvorhersehbaren Ereignisse und Prozesse durch bewusste Entscheidungen mit möglichen anhängenden Handlungen (als neue Kausalitätsverzweigungen) in die Welt kommen (durch uns oder andere Tiere – als aktive Gestaltung praktischer wie theoretischer Ökonischen). Und ich denke, die Autor:innen würden mir recht geben in der Betonung der Wichtigkeit der Bemerkung, dass Qualia eben *nicht an sich* existieren, sondern nur über Lebewesen in die Welt kommen – weshalb sie als entsprechend fallibel betrachtet werden müssen wie alle anderen Erkenntnisversuche (Hypothesen) auch. Denn dass Qualia nicht unabhängig von Gehirntätigkeit existieren, haben sie anderenorts auch schon selbst geäußert:

„There are no pure qualia, in isolation. Each conscious experience seems to be a complex perception consisting of an array of colours, sounds, sensations of touch and smell, all bound together."[6]

Und hier werden sie („We will refer to the bundled qualia and thoughts as moments of awareness") sehr schön zusammengefasst als Momente des Gewahrwerdens.

In ihrer Einführung (in einem Update von 2021) kam es in Sachen Qualia dann zu einer wichtigen Kritik am

---

[6]https://www.researchgate.net/publication/354378706_Physics_Time_and_Qualia. S. 13.

mathematischen Reduktionismus unserer großen Klassiker Galilei und Newton:

„The core of Galileo's new science was the idea that all motion could be represented mathematically while all change could be rendered as motion."[7]

Diese Reduktion hatte erhebliche Auswirkungen auf unser Weltverständnis. Die Autor:innen stellen außerdem wichtige Entitäten vor, die von Galilei nicht diskutiert wurden, nämlich Empfindungen, Gedanken, Bewusstsein und im Rahmen der Prozesssichtweise die *physikalische* Notwendigkeit eines evolutionären Zeitpfeils. Das alles gehörte nicht zu Galileis mathematischem Universum.

„Tied up in this confluence of questions there are two more: the problems in the foundations of quantum mechanics and the problem of quantum gravity."[8]

Alle vier Fragen erscheinen letztlich als verknüpfter Erklärungskomplex: die Natur der Zeit, die Qualia, die Probleme der Quantenmechanik und der Quantengravitation.

Die Beschreibung des Bewusstseins hängt in der Tat davon ab, wie man Zeit auffasst – also etwa rein psychologisch oder als mathematische Konvention, wie bis dahin üblich, oder eben als evolutionäre Realität, *als* Materieprozess in Relation zu anderen Materieprozessen. Dazu kommen – historisch sehr viel später, als weitere Probleme – die unterschiedlichen Interpretationen der Quantenmechanik und die Konstruktion einer konsistenten Quantengravitation. Die Autor:innen nehmen hier eine gemeinsame Lösung an und außerdem, dass Letztere die Art und Weise ändern wird, in der die jeweils anderen einzelnen Lösungen verstanden werden.

---

[7] https://www.researchgate.net/publication/354378706_Physics_Time_and_Qualia. S. 3.
[8] https://www.researchgate.net/publication/354378706_Physics_Time_and_Qualia. S. 3.

Der Erfolg der klassischen Bewegungsbeschreibungen schien Anlass zur Hoffnung zu geben, dass man damit ein kausal geschlossenes System zur Hand hatte und:

„(…) all explanations of motion pointed to more motion. Meanwhile, the success of the „universal laws" posited by Newton made it plausible that all of the motions could be described in mathematical terms (…)." Damit waren mathematische Figuren wie Parabeln, Hyperbeln u. Ä. gemeint, die als Lösungen von Gleichungen herangezogen wurden. Es gab zu dieser Zeit zwar keinen Antirealismus, der kam ja erst mit der orthodoxen Quantenmechanik (gewissermaßen als Aussageverweigerungssystem zur Realität) wirkmächtig ins Spiel. Aber es gab in der klassischen Physik eben von Anfang an einen übertriebenen *mathematischen* Reduktionismus in der Bewegungsbeschreibung. Denn Galilei hat im Wesentlichen jede Veränderung als Spezialfall von Bewegung modelliert – und zwar lediglich kinetisch, nicht etwa gesamtdynamisch. Der Erfolg dieser dennoch als kausal geschlossen betrachteten Bewegungsgesetze (etwa der Parabeln und Hyperbeln, die eben schnell als Lösungen von Gleichungen Karriere machten) suggerierte dann später – zusammen mit Newtons universellen Gesetzen – eine Art frühen „mathematischen Realismus", der recht dominant zu belegen schien, dass die Natur gewissermaßen von Haus aus mathematisch sein müsse. In jüngster Zeit wurde diese Vereinfachung und Idealisierung dann bekanntlich durch Max Tegmark und andere Strukturalisten auf die Spitze getrieben.[9]

Die Autor:innen kontern Tegmarks Idee eines „mathematischen Spiegels der gesamten Wirklichkeit" folgendermaßen:

„Many of us argue that there is no algorithm that predicts all functions of a physical system. We certainly know enough to be confident we don't know how brains bring forth minds. On top

---

[9]Siehe dazu auch mein *Die Fälschung des Realismus* [Springer (2016) 2019].

of which it remains plausible that quantum physics is genuinely indefinite."

Die Idee eines mathematischen Spiegels, der die gesamte Wirklichkeit abbildet, impliziert, dass beliebige kausale Einflüsse durch ein Theorem widergespiegelt werden könnten, welches eine zeit*lose* Wahrheit darstellen müsste. So werden Kausalitäten (also zeitabhängige Materieprozesse) als zeitlose Wahrheiten modelliert: „If everything that will happen in future time can be shown necessary, by a time-less logical argument, then the activity of time is reduced to a computation."[10]

Damit folgt aus dem mathematischen Spiegel eine parmenidäisch *seiende* (keine *ständig werdende* heraklitäische) Welt, die wir nirgendwo antreffen. Die Kette dieser Implikationen führt, wie die Autor:innen zu Recht bemerken, konklusiv zu der Auffassung, dass die Zeit letztlich eine Illusion sei.

Es gibt überdies ein sehr einfaches Argument (von Smolin, schon 2010, wenn ich nicht irre) gegen ein mathematisches Objekt als Spiegel des ganzen Universums, nämlich: Wir können unmittelbar sehen, dass es wesentlich mehr materielle Entitäten gibt als mathematische Operatoren dafür. Anders gesagt: Wir sehen ja, dass wir ständig neue Mathematik konstruieren müssen für jeweils neu entdeckte physikalische Phänomene. Auch in *Physics Time and Qualia* wird diese Argumentation noch einmal ganz klar vorgetragen und um die wichtige Rolle des jeweils „gegenwärtigen Moments" ergänzt – also in den Kontext des unablässigen Werdens eingebettet:

„The claim is refuted by showing the existence of properties of our world that no mathematical object could explain or describe, let alone mirror. Here is one: in the real world it is always some

---

[10]https://www.researchgate.net/publication/354378706_Physics_Time_and_Qualia. S. 4.

present moment, which is one of a continual becoming of present moments."[11]

Hier wird deutlich, die mathematische Logik ist trivialerweise zeitlos, die Kausalität über Vergangenheit, Gegenwart und Zukunft aber eben nicht – und zwar ebenfalls trivialerweise. Jedenfalls wenn man nicht jegliche Bewegung oder Dynamik oder beides bestreiten möchte – wie etwa Parmenides – oder ohnedies Kausalität mit Implikation verwechselt. Selbst in der Messtheorie der *QM* ist die Unterscheidung von Vergangenheit, Gegenwart und Zukunft Gegenstand der Beschreibung, auch wenn das *t* hier vom Antirealismus notorisch nicht ernst genommen wird bzw. bei Letzterem lediglich als eine Art unterdefinierte Koordinate erscheint.

Ein weiterer wichtiger Analyseaspekt in diesem Papier ist der Hinweis darauf, dass traditionelle physikalische Theorien von der Vergangenheit handeln. Man beginnt mit einer Reihe von Durchläufen des jeweiligen Systems durch ein reproduzierbares Experiment. Die Anfangsbedingungen werden in jedem Durchlauf relativ zu einem (approximativ stabilen) Bezugssystem definiert. Sagen wir, es werden Flugbahnen eines Objekts in gewisser Redundanz untersucht. Die *Analyse* des Experiments, das in der Vergangenheit stattgefunden hat, wird aber natürlich in der Gegenwart durchgeführt. Die Vorhersage durch die Theorie ist also eine Art mathematisches Objekt. Die *Aufzeichnungen* über die Flugbahnen sind allerdings ebenfalls mathematische Objekte. Die werden indessen gewöhnlich als *Test* der Theorie betrachtet.

Tatsächlich hat man auf diese Art also nur zwei mathematische Objekte verglichen, in denen Zeit keine Rolle spielt. Denn man kann seine Testreihen (die nur aus mathematischen Modellen bestehen) ja zu jedem beliebigen

---

[11] https://www.researchgate.net/publication/354378706_Physics_Time_and_Qualia. S. 4.

späteren Zeitpunkt überprüfen. Es handelt sich also um scheinbar „zeitlose" Aufzeichnungen aus der Vergangenheit, die mit späterer logischer Deduktion verglichen werden. Die Autor:innen bezeichnen diese Aufzeichnungen vergangener Bewegungen und die dafür rekrutierten Zeitmaße (in „A-Reihen") als „schwache Zeit". Sie werden also nicht als Ausdruck einer Energie-Impuls-Dynamik betrachtet, sondern nur zu Ordnungszwecken (gewissermaßen zur koordinaten-zeitlichen Archivierung von Testreihen) verwendet.

Dagegen stellen die Autor:innen eine „aktive" Auffassung von Zeit vor, verstanden als kausaler Prozess, der *unbestimmte* Quantenzustände in klassisch *bestimmte* auflöst. Und aus den so *gegenwärtig* gewordenen Ereignissen entstehen neue Ereignisse (entsprechend wird hier von „B-Reihen" – mit zentraler Unterscheidung zwischen Vergangenheit, Gegenwart, und Zukunft gesprochen), passend zu den *Momenten*, aus denen immer wieder *neue Momente* entstehen – und zwar eben *immer nur in einer jeweiligen Gegenwart*. Denn nur die ist es ja, die von Moment zu Moment neu entsteht bzw. *wirklich existiert*.

Vergangenheit und Zukunft existieren dagegen nicht. Ihre Momente haben (irgendwo im globalen Zeitpfeil) existiert und ihre Nachfolger werden (zu späterer Zeit im globalen Zeitpfeil) existieren. So kann man ein Ereignis als eine Energie-Impuls-Wirkung definieren, die eine Unbestimmtheit oder (epistemologisch gesprochen) eine „Mehrdeutigkeit" in der Welt auflöst, welche immer neue Teile unserer Welt kreiert: „What then exists, moment by moment is a network of these actions of resolution, whose connections are nothing less and nothing more than causation."[12]

Ein Ereignis kann man dann als einen Prozess unter vielen Prozessen betrachten, welche alle ihre definite Existenz

---

[12]https://www.researchgate.net/publication/354378706_Physics_Time_and_Qualia. S. 6.

„erfüllen" und gleich darauf wieder verschwinden. Dabei erschaffen aber alle Ereignisse einige der nächsten Generation. Deshalb ist eine im Verlauf der Zeit geschaffene Welt „(…) not a four dimensional manifold, it is a continually recreated, roughly three dimensional network of processes."[13]

10.2.1 Die Neurologie des Gegenwärtigen

Im Kontext von quantenmechanischer „Unbestimmtheit", die sich gewissermaßen Hamilton-klassisch zu „Bestimmtheit" ergibt, ist der Begriff „Auflösung" *im epistemischen Sinne* natürlich adäquat. Wenn man allerdings eher auf die kausalen Ereignisse selbst abhebt, die ja in Impulsprozessen in der Zeit energieerhaltend jeweils weiterwirken, in jeweils weiteren Ereignissen, könnte man vielleicht auch von chemisch-energetischen *Synthesen* reden. Hier wäre Auflösung sicherlich der unpassendere Begriff. Denn es geht dabei ja (materiell) um das Gegenteil von Auflösung, nämlich um Negentropie bzw. gravitative oder elektrochemische Zusammenballungen von Materie. Aber, wir wissen natürlich, was gemeint ist – und *epistemisch* ist es bei den Autor:innen auch passend formuliert.

Wir erleben bei Qualia bzw. theoretischer und praktischer Erfahrung ja nie das, was wir bei Quantenüberlagerungen annehmen müssen, also nie eine Mehrdeutigkeit in der Bewusstheit etwa (neuropathologische Fälle einmal ausgenommen), sondern quasiklassische Eindrücke der Natur. Die Neurowissenschaftler sagen uns, dass unser Gehirn ständig damit beschäftigt ist, Ambiguitätsprobleme bei der Verarbeitung mehrdeutiger Signale aufzulösen (und hier scheint der Begriff der Auflösung auch besonders passend): „Similar

---

[13]https://www.researchgate.net/publication/354378706_Physics_Time_and_Qualia. S. 6 – weiter unten.

mechanisms appear to resolve contradiction between our present experience and the memory of past experiences. This resonance between the experience and the memory of the past experiences gives sense to our now."[14]

Man kann diese Erfahrungs*qualitäten* (im folgenden Satz: „This is also why we see patterns") natürlich auch als eine spezielle Art von Strukturwahrnehmungen betrachten, allerdings sollten wir nicht vergessen, dass es sich in der subjektiven Erfahrung immer um *vermutete* bzw. um *konstruierte* Strukturen handelt. Und die haben wir ja schon in recht leerer Form beim rein mathematischen Strukturalismus, der glaubt, auf ontologisch inspirierte Äußerungen im Wesentlichen verzichten zu können. Im Kontext der Qualia kommt allerdings noch das Subjektivismus-Problem dazu. Wir haben das schon an anderer Stelle erwähnt:

„Erfahrungsstrukturen" sind notwendig subjektive oder bestenfalls intersubjektive, also hypothetische Erfahrungs*interpretationen*. Die Charakterisierung als „irreducible structural aspects of experience", wie die Autor:innen diese Erfahrungshypothesen beschreiben, halte ich für problematisch. Denn auch intersubjektive Erfahrungen weichen individuell (in ihrer Interpretation eben) nicht selten stark voneinander ab. Anders gefragt, wie will man von hier aus fallibilistische Objektivität in die Analyse zurückbringen?

In Bezug auf die Einbindung in einen Zeitfluss reden die Autor:innen zwar auch selbst von Konstruktion: „Qualia and conscious moments seem to express the structure of an event in an active time construction of the universe." Eine „aktive Zeitkonstruktion" kann aber ebenfalls lediglich für eine subjektive – individuell variable – psychologische Zeit*empfindung* stehen. Diese subjektiven Empfindungswelten können für meinen Geschmack nicht wirklich als *discrete primitives* des

---

[14]https://www.researchgate.net/publication/354378706_Physics_Time_and_Qualia. S. 12.

Gehirns in den Rahmen eines kausalen Abschlusses mitsamt objektiv fundamentalem Zeitpfeil eingefügt werden. Man sollte einfach nie vergessen, dass die Konstruktion von Qualia durch Lebewesen *vollständig* von der jeweiligen *Neurophysiologie* des erkennenden Individuums abhängt – also vom Erkenntnisgewinn des einzelnen Gehirns, aber eben auch von den Erkenntnisfehlern desselben.

10.3 Neuartige Ereignisse im Universum

Viel wichtiger – und zwingender verarbeitet – scheint mir aber ohnedies ein anderer Schwerpunkt der Arbeiten von Smolin, Cortês und Verde, nämlich die Entwicklung des Begriffs des *einzigartigen Ereignisses* bzw. der echten *evolutionären Neuheit,* ableitbar aus bewussten oder unbewussten Eingriffen in Naturabläufe durch beliebige Lebewesen. Denn diese Eingriffe und Folgen können wir ja überall sehen (Nischenbesetzung und aktive Nischengestaltung aller Tiere). Also müssen wir *das* objektiv erklären. Und das können wir auch. Handlungen, die auf bewusste Entscheidungen – aufgrund fallibler Erkenntnisse bzw. Hypothesen etwa – folgen können, kommen *in einem echten Sinne neu* zum zeitlich laufenden kausalen Netzwerk im Zeitpfeil hinzu.

Wenn wir auch die Lebewesen *ohne* komplexe Nervensysteme hinzuzählen, können wir – trotz hier fehlenden Bewusstseins – ebenfalls von *kalkulierenden* Organismen mit daraufhin entsprechend gerichteten Handlungen reden. Sie erfüllen damit schon alle Ansprüche an evolutionäre „Neuheiten" in den kausalen Wechselwirkungsverzweigungen, wie sie von den Autor:innen sogar schon für subzellulare Molekül-Komplexität (auch anorganisch) berücksichtigt werden.

Man muss sich zu den (wesentlich luxuriöseren) biochemischen Entwicklungen nur klarmachen, dass bereits Einzeller *autonom kalkulierende* Organismen sind, die kausale Einflüsse im Sinne von ganzen Nischenerfindungen hinterlassen. Sie besitzen Rezeptoren auf Innen- wie Außenmembranen (als biochemische Erkennungs- bzw. Kalkulationsapparaturen). Sie verarbeiten physikalische Information per chemischer Sättigungs-Gradienten, die ihnen hochinformative bzw. kalkulative Umweltwechselwirkung in Form von gezieltem Stoffwechsel im Rahmen ihrer Umweltorientierung erlauben.

Diese Form (symbolloser) Kalkulation kann nicht von ungefähr sehr gut kybernetisch bzw. automatentheoretisch dargestellt werden. Diesen kleinen *Alles-allein-Könnern* verdanken wir letztlich auch die revolutionäre Erfindung, sich alternativ auch zu Mehrzellern entwickeln zu können. Ohne *ihre* kreativen Anpassungen würde es uns (also die Menschen und die anderen „niederen und höheren" Tiere) schlicht nicht geben.

Durch die Bewusstseinsträger (die „höheren" Lebewesen) erleben wir allerdings geradezu notorisch, um wie viel nachhaltiger *sie* in die Evolution eingreifen können als etwa einfachere Lebewesen – und das (nicht zu vergessen) *auch* nachhaltig *zum Schaden* (dann wieder aller Lebewesen) durch Umweltschädigungen aller Art. In modernen Kriegen geschieht das alles bekanntlich im Extrem – in konzertierter Aktion sozusagen. Das müssen wir ja traurigerweise gerade wieder ganz aktuell beobachten.

An all dem sieht man sofort, dass die Folgen des *Bewusstseins* bzw. der Aufmerksamkeitskapazität – insbesondere des Menschen – zu Handlungen führen können, die nicht aus unserer Weltbeschreibung herausgelassen werden dürfen, wenn wir dem tatsächlichen Komplexitätsgrad einer ernst zu nehmenden kausalen Vollständigkeit in der Beschreibung näherkommen wollen.

Hier scheint mir von den Autor:innen wirklich eine wichtige kausale Lücke gefunden und – mit der *funktionalen* Version ihrer Qualia-Vorstellung – auch weitgehend geschlossen worden zu sein, die, wenn man so will, vom Galilei-Newton-Setting offengelassen wurde. Und diese Arbeit ist deshalb auch nicht zu vergleichen mit all den anderen Ansätzen, die bei genauerem Hinsehen immer wieder nur (ob nun bewusst oder unbewusst) zurück in einen „interaktiven" Dualismus von Geist und Materie wollen.

Unlängst hat etwa der Philosoph David Chalmers allen Ernstes vorgeschlagen, jedes Atom mit eigenem Bewusstsein auszustatten. Von derartigen Vorstellungen haben sich die Autor:innen hier aber ohnedies bei verschiedenen Gelegenheiten explizit distanziert:

„We will not comment on the large literature that debates the plausibility of a general panpsychism. We propose that the general implausibility of attributing awareness to every last rock and molecule is avoided when qualia are associated with very special events, or clusters of events."[15]

Insbesondere wird von Cortês/Smolin/Verde ganz allgemein auch nirgends eine „zweite Substanz" (für das Bewusstsein) eingeführt wie bei den verschiedensten Idealisten bzw. Dualisten, die den Geist, die Psyche oder das Bewusstsein eben noch als etwas ganz anderes bzw. von der Materie zu Differierendes ansehen möchten – und vor allem immer als irgendwie federführend gegenüber der Materie.

Materialistischer Realismus postuliert nur eine Substanz, nämlich (monistische) Materie bzw. ihre Energieäquivalenzen. Geist, Psyche und Bewusstsein (kurz: alles Mentale) sind *materielle Funktionen* des Gehirns. Das gilt für den gesamten Bereich der (zwangsläufig hypothetisch konstruktiven) Erkenntnisversuche und so selbstverständlich auch für

---

[15]https://www.researchgate.net/publication/354378706_Physics_Time_and_Qualia. S. 9.

die Erfahrungs*empfindungen* der Qualia. Der hirnorganische Mechanismus einer psychischen „Blau-Empfindung" (die hier an anderer Stelle als ein Beispiel für Qualia behandelt wird) besteht aus einer bioelektrochemischen Reaktion auf einen Lichteinfall auf beliebige Gegenstände, deren Oberflächenbeschaffenheit alle Frequenzen der elektromagnetischen Strahlung außer dem Teil des Spektrums absorbiert, der in unsere Augen emittiert wird und der bei uns diese Blau-Empfindung erzeugt.

Der unabhängig vorhandene Prozess der Photonenstrahlung existiert als Teilspektrum elektromagnetischer Wellenlängen zwischen 430 bis 490 nm (Nanometer) mit einer Frequenz von 612 bis 697 THz (Terahertz) bzw. einer Photonenenergie von 2,53 bis 2,88 eV (Elektronenvolt) – um hier mal etwas pingelig zu werden.

Das ist das objektive materielle Geschehen. Die biochemische Reaktion des Gehirns darauf kann man inzwischen neuronal auch ganz gut zuordnen. Wie das Gehirn daraus einen (in der Regel) intersubjektiven „Farbreiz" macht und was das überhaupt heißen soll für das Bewusstsein eines Gehirns, gehört in den schwierigen Erklärungsbereich der Empfindungen, in dem versucht wird, bestimmte Gefühle/Gedanken auf biochemische Vorgänge im Gehirn abzubilden. Auch dazu gibt es natürlich interessante Forschung. Aber wirkliche Klärungen dieser Mechanismen betrachtet man wohl noch immer als diskussionsoffen, um das wenigste zu sagen. Den Ehrgeiz, sie abschließend erklären zu wollen, müssen wir im Rahmen dieser Analyse also ebenfalls nicht unbedingt entwickeln.

Um sich vor unerwünschten Vereinnahmungen durch die Idealisten zu schützen, haben die Autor:innen sich im Bereich der Qualia außerdem, wie erwähnt, um den *Funktionsbegriff* bemüht – der ja vor allem im quantitativen Bereich so große Erfolge feiern konnte und kann. Sie betonen in diesem Zusammenhang, dass sie keine Antireduktionisten sind. Auf fundamentaler Quantenebene wird ja – wie wir hier überall sehen konnten – sogar ein extremer Reduktionismus von Energie-Impuls-Kausalitäten vertreten. Und in Bezug auf die Qualia wird eben *auch* ein *funktionalistischer Rahmen* angegeben. Sie nennen das, was Idealisten gewöhnlich etwas schwammig „Holismus" nennen, lieber Funktionalismus – und zwar, weil die Funktionen des Gehirns tatsächlich ausreichen, die gesamte Welt der Erfahrung, des Erkennens und der anschließenden physischen Einflussnahme zu analysieren. Man könnte das Ganze also als *komplexen* Funktionalismus bezeichnen, weil er – unter Einschluss der *materiellen Basis* der Qualia – kausale Vollständigkeit zu liefern scheint.

Die Neuartigkeit von Ereignissen wird folgendermaßen definiert: „We propose that the novel states or events are the physical correlates of conscious events."[16]

Damit kann man dann in der Tat eine kausale Verzweigung beschreiben von einem *neuartigen* Ereignis aus, das zumindest keine *determinierenden* Vererbungsvorgänger besitzt, die die Neuheit in ihrer Neuheit tangieren könnten. Das wären dann etwa Bewusstseinsentscheidungen mit kausaler Relevanz für die Zukunft, vermittelt über daran anhängende bzw. dadurch stimulierte Handlungen. Das ist plausibel und kausal schlüssig, wenn das Bewusstsein monistisch fundamental als biologisch energetische Funktion des Gehirns begriffen wird.

Die Autor:innen charakterisieren das durch ein Freiheitsmaß des Universums, das es – vermittelt über Individuen – erlaubt zu entscheiden, was als Nächstes passieren wird. Diese „Momente der Freiheit" werden (spätevolutiv) vor allem über die „bewusste Erfahrung" ins Spiel gebracht.

---

[16]https://www.researchgate.net/publication/354378706_Physics_Time_and_Qualia. S. 11.

Aber wir dürfen eben auch nicht vergessen: Die frühe komplex molekulare Kombinatorik hat diese Entwicklung der freien Entscheidung erst möglich gemacht: „Those unprecedented moments are presumably common near the universe's origin, and spread throughout the universe. As the universe ages, it takes a higher degree of complexity for a state to be unprecedented."[17]

Die Autor:innen stellen sich von hier aus die (oben erwähnte) interessante Frage, ob komplexe Biomoleküle nicht ebenfalls schon als markante Neuheiten zu betrachten sein könnten. Cortês investiert insbesondere die Vermutung, dass sich die Biosphäre samt Gehirnen entwickelt haben könnte, als Folge der Evolutionsvorteile der Neuheit (im Sinne von Freiheit) biomolekular entwickelter Evolutionseigenschaften.[18]

Es wäre dann leicht, auf den Ursprung von Evolutionsvorteilen für das aktive Erkennen theoretischer und/oder schon praktisch vorliegender Nischen zu schließen, die „ergriffen" einen Selektionsvorteil für Organismen darstellen können. Man kommt sicherlich leicht zu der Erkenntnis, dass einzelne Atome nicht gerade zu derartigen Neuheitseffekten führen werden. Aber relational kohärente bzw. chemisch dynamische Prozesse im Molekülbereich (zusammengesetzt aus sehr vielen Atomen) können komplex bzw. neuartig genug sein, um dann jeweils selektive Vorteile zu involvieren.

Die kausale Geschlossenheit mitsamt Emergenz wird dann[19] noch einmal in die Thematik des ersten Papiers

---

[17] https://www.researchgate.net/publication/354378706_Physics_Time_and_Qualia. S. 11.

[18] Ähnlich hat übrigens schon der theoretische Chemiker Christian de Duve argumentiert in seinem Buch *Blueprint for a Cell*, 1991 – was ich schon seinerzeit mit großem Interesse gelesen habe. In deutscher Übersetzung (Ingrid Haußer-Siller): *Ursprung des Lebens – Präbiotische Evolution und die Entstehung der Zelle*, Spektrum – Heidelberg · Berlin · Oxford, 1994.

[19] https://www.researchgate.net/publication/354378706_Physics_Time_and_Qualia. S. 12.

eingebettet – also in den Zeitpfeil der Energie-Impuls-Ereignisse. Die Erzeugung von Qualia wird dabei gewissermaßen als erweiterte Phänomenologie der *jeweils gegenwärtigen* Ereignisse geführt:

„Nothing exists or persists, things only happen. The universe is indefinite and under-determined. What we mean by becoming or "to happen" is for something indefinite to become definite. This is what we call an event." (S. 13).

Der erste Satz ist hier wichtig, er drückt noch einmal sehr schön die unablässige Prozesshaftigkeit unserer Welt aus, nichts bleibt bestehen – ein weiteres Mal *panta rhei* als Titel für das ewige Werden und Vergehen.

Den Begriff der „Sicht" („The views are real") halte ich dagegen für zu verhalten und (sicherlich auch ungewollt) psychologistisch. *Verwirklichungstendenz* (zu definiten Ereignissen hin) würde ich für griffiger halten, denn das ist es, was hier *gemeint* ist (wie man an Smolins sonstigen Definitionen sehen konnte). So klingt auch der Hinweis darauf, dass die kausale Zukunft mancher Ereignisse durch ihre kausale Vergangenheit *kreiert* wird, organischer. Andere Ereignisse, die *nicht* durch ihre Vergangenheit *determiniert* sind, kann man folglich als noch nie dagewesene Ereignisse betrachten: „Unprecedented events must choose their next steps. We experience this creativity as awareness."[20]

Diese Argumentation scheint mir den Unterschied zwischen Ereignissen mit kausaler Vergangenheit und neuen Ereignissen ohne *komplett* deterministische Vergangenheit sehr gut darzustellen. Wenn man den Determinismus dagegen im „fatalistischen" Sinn definiert (wie im falsch verstandenen Reduktionismus), also unter (notorisch implausiblem) Ausschluss von Willensfreiheit, kann man keinen gemäßigten Determinismus mit *geeigneten Freiheitsgraden* darauf

---

[20]https://www.researchgate.net/publication/354378706_Physics_Time_and_Qualia. S. 12.

abbilden, um zu jeweiligen Neuheiten (jeweiligen einzigartigen Ereignissen) in der Evolution zu kommen.

Wenn man hier zu einer gangbaren Lösung kommen will, sollte man für meinen Geschmack sowohl den *fatalistischen* Determinismus (alles ist bestimmt seit dem Urknall und unsere freie Entscheidung ist deshalb eine Illusion) als auch einen *kompletten* Indeterminismus (in dem rein gar nichts mehr in bestimmter Weise vorkommt) meiden.

Die *Bestimmungen des Unbestimmten* dagegen, die durch die evolutionären Energie-Impuls-Ereignisse des modernen Realismus postuliert werden, scheinen schon näher an der Wahrheit zu liegen.

In jedem Ereignis werden Größen von der Natur bestimmt, die als „Ausstattungen" bezeichnet werden, welche von vorangegangenen Ereignissen in einer kausal geschlossenen Kette weitergegeben „und beim Empfang definitiv werden".

Zu diesen Ausstattungen gehören fundamental Energie und Impuls. Sie werden bei der prozessualen Weitergabe erhalten. Das macht die kausalen Beziehungen definitiv: „Die Richtung vom Unbestimmten zum Bestimmten gibt dem Universum einen Pfeil der Zeit." Nicht nur die Vergangenheit war unbestimmt, auch die Zukunft ist es. So kommen wir (in *indeterministisch-deterministischen* Übergängen) dazu, dass immer nur winzigste gegenwärtige Momente im evolutiven Werden *existieren*. Anders gesagt, das *Bestimmte* (als gegenwärtiger Moment) dauert nicht so lang – in seinen nahezu unbeschreiblich kurzen Auftritten ca. 10 Größenordnungen über der Planck-Zeit: „The world recreates itself in every moment, as indefinites flash into momentary definites, after which they are nothing. Everything we see around us exists or did just exist, but was gone in the blink of an eye."

Das *Bewusstsein* wird an dieser Stelle (zusammen mit den von ihm konstruierten Qualia) sehr treffend mit der Auflösung unbestimmter Zustände verknüpft, ja, es entstehe durch diesen Vorgang. *Hier* scheint der Begriff der „Auflösung" außerordentlich passend. Hier tritt er nämlich (rein epistemisch) als metalogische Beschreibung der Arbeit des Bewusstseins auf. „Consciousness is connected with – in fact, created by – the resolution of indefinite states."[21]

Und die Fähigkeit, Neues zu erkennen (in den Qualia-Erfahrungen), ist dabei *sicherlich* ein bestimmender Evolutionsvorteil.

---

[21] https://www.researchgate.net/publication/354378706_Physics_Time_and_Qualia. S. 14.

Personenverzeichnis

© Der/die Herausgeber bzw. der/die Autor(en), exklusiv lizenziert **223**
an Springer-Verlag GmbH, DE, ein Teil von Springer Nature 2023
N. H. Hinterberger, *Der Realismus - in der theoretischen Physik*,
https://doi.org/10.1007/978-3-662-67695-0

Sachverzeichnis

Printed in the United States
by Baker & Taylor Publisher Services

Printed in the United States
by Baker & Taylor Publisher Services